园艺园林专业系列教材

园艺设施

陈国元　主　编

苏州大学出版社

图书在版编目(CIP)数据

园艺设施 / 陈国元主编. —苏州:苏州大学出版社,
2009.8(2015.8 重印)
(园艺园林技术系列教材)
ISBN 978-7-81137-286-1

Ⅰ.园… Ⅱ.陈… Ⅲ.园艺—设备—高等学校—技术学校—教材 Ⅳ.S6

中国版本图书馆 CIP 数据核字(2009)第 137433 号

园 艺 设 施

陈国元 主编

责任编辑 马德芳

苏州大学出版社出版发行
(地址:苏州市十梓街1号 邮编:215006)
丹阳市兴华印刷厂印装
(地址:丹阳市胡桥镇 邮编:212313)

开本 787mm×1 092mm 1/16 印张 11.75 字数 273 千
2009 年 8 月第 1 版 2015 年 8 月第 6 次印刷
ISBN 978-7-81137-286-1 定价:24.00 元

苏州大学版图书若有印装错误,本社负责调换
苏州大学出版社营销部 电话:0512-65225020
苏州大学出版社网址 http://www.sudapress.com

园艺园林专业系列教材编委会

顾　问：蔡曾煜
主　任：成海钟
副主任：钱剑林　潘文明　唐　蓉　尤伟忠
委　员：袁卫明　陈国元　周玉珍　华景清
　　　　束剑华　龚维红　黄　顺　李寿田
　　　　陈素娟　马国胜　周　军　田松青
　　　　仇恒佳　吴雪芬　仲子平

前 言

近年来,随着我国经济社会的发展和人们生活水平的不断提高,园艺园林产业发展和教学科研水平获得了长足的进步,编写贴近园艺园林科研和生产实际需求、凸显时代性和应用性的职业教育与培训教材便成为摆在园艺园林专业教学和科研工作者面前的重要任务。

苏州农业职业技术学院的前身是创建于1907年的苏州府农业学堂,是我国"近现代园艺与园林职业教育的发祥地"。园艺技术专业是学院的传统重点专业,是"江苏省高校品牌专业",在此基础上拓展而来的园林技术专业是"江苏省特色专业建设点"。该专业自1912年开始设置以来,秉承"励志耕耘、树木树人"的校训,培养了以我国花卉学先驱章守玉先生为代表的大批园艺园林专业人才,为江苏省乃至全国的园艺事业发展作出了重要贡献。

近几年来,结合江苏省品牌、特色专业建设,学院园艺专业推行了以"产教结合、工学结合,专业教育与职业资格证书相融合、职业教育与创业教育相融合"的"两结合两融合"人才培养改革,并以此为切入点推动课程体系与教学内容改革,以适应新时期高素质技能型人才培养的要求。本套教材正是这一轮改革的成果之一。教材的主编和副主编大多为学院具有多年教学和实践经验的高级职称的教师,并聘请具有丰富生产、经营经验的企业人员参与编写。编写人员围绕园艺园林专业的培养目标,按照理论知识"必须、够用"、实践技能"先进、实用"的"能力本位"的原则确定教学内容,并借鉴课程结构模块化的思路和方法进行教材编写,力求及时反映科技和生产发展实际,力求体现自身特色和高职教育特点。本套教材不仅可以满足职业院校相关专业的教学之需,也可以作为园艺园林从业人员技能培训教材或提升专业技能的自学参考书。

由于时间仓促和作者水平有限,书中错误之处在所难免,敬请同行专家、读者提出意见,以便再版时修改!

园艺园林专业系列教材编写委员会
2009.1

编写说明

本教材是苏州农业职业技术学院课程体系改革的成果之一,教材的编写大纲是在院教材指导委员会的指导下,经有关专家充分论证后,反复修改完成的,完全符合学院的教学实际和教学要求。

本教材较充分地反映了园艺设施在生产中的实用性和一定的先进性。全书主要介绍了园艺设施的结构、性能、使用过程的技术要求和园艺设施的日常维护。每章都是从本章导读开始,让学生了解本章的重点和学习目的,以本章小结和复习思考结束。力求文字简洁,通俗易懂。本书的最后部分为课程实践指导,供不同专业在教学过程中参考。

本书由陈国元任主编,陈素娟任副主编。本教材共分为9章,第0章由陈国元编写;第1章由陈国元、陈素娟编写;第2章由陈素娟编写;第3章由何金生、吴松芹编写;第4章由陈军编写;第5章由陈军、蒋秋雄(苏州正源市政绿化工程有限公司)编写;第6章由陈国元、陈素娟编写;第7章由陈国元、蒋秋雄编写;第8章由陈军、吴亮(苏州维生种苗有限公司)编写;第9章由何金生、吴松芹编写,除注明编者单位外,其余皆为本院教师。陈素娟编写了课程实践指导。陈国元负责全书的统稿。

在编写过程中,始终将本书的实用性及与生产的紧密联系放在第一位。园艺设施是一个发展迅速、涵盖面很广且涉及多学科的一门课程,新材料新工艺不断出现,因此要全面地介绍园艺设施的内容,难度很大。同时,由于编写组人员的教学经验和工作性质的局限,书中难免出现许多不足之处,在此敬请各位专家、学者及学生们提出宝贵意见,以便今后进一步修订。

本书在编写过程中得到了南京农业大学郭世荣教授的大力支持,他提出了许多修改意见,并完成了全书的审稿。本书参考了许多相关的书籍和资料,在此一并表示感谢。

编 者

目录 Contents

第 0 章　绪论

0.1　园艺设施的概念 ·· 001
0.2　园艺设施是保障供应的重要举措 ······················· 002
0.3　园艺设施是社会发展的必然要求 ······················· 004
0.4　园艺设施在园艺作物生产中的应用 ··················· 005
0.5　本课程的特点以及如何掌握正确的学习方法 ····· 006

第 1 章　简易设施

1.1　阳畦 ·· 007
1.2　温床 ·· 009
1.3　地膜覆盖 ··· 015

第 2 章　塑料拱棚

2.1　塑料拱棚的分类 ·· 019
2.2　塑料小拱棚 ··· 023
2.3　塑料大棚 ··· 024
2.4　连栋塑料拱棚 ·· 027
2.5　塑料日光温室 ·· 028

第 3 章　温室

3.1　日光温室 ··· 029
3.2　玻璃温室 ··· 034
3.3　温室内部设备 ·· 035
3.4　温室外部主要设备 ··· 040

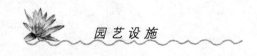

　　3.5　温室应用 ………………………………………………………… *040*

　　3.6　温室管理要点 …………………………………………………… *041*

第 4 章　工厂化育苗

　　4.1　工厂化育苗设施 ………………………………………………… *043*

　　4.2　工厂化育苗的主要设备 ………………………………………… *044*

　　4.3　工厂化育苗的管理要点 ………………………………………… *049*

第 5 章　覆盖材料

　　5.1　农用塑料薄膜 …………………………………………………… *050*

　　5.2　地膜 ……………………………………………………………… *055*

　　5.3　硬质塑料板的种类、特性及应用 ……………………………… *058*

　　5.4　玻璃 ……………………………………………………………… *059*

　　5.5　无纺布 …………………………………………………………… *060*

　　5.6　其他覆盖材料 …………………………………………………… *062*

第 6 章　设施内环境条件及调控

　　6.1　光照条件及调控 ………………………………………………… *065*

　　6.2　温度条件及调控 ………………………………………………… *077*

　　6.3　湿度条件及调控 ………………………………………………… *086*

　　6.4　土壤条件及调控 ………………………………………………… *089*

　　6.5　气体条件及调控 ………………………………………………… *093*

第 7 章　夏季保护地设施及其他

　　7.1　遮阳网 …………………………………………………………… *102*

　　7.2　防虫网 …………………………………………………………… *106*

　　7.3　防雨棚 …………………………………………………………… *109*

第 8 章　无土栽培技术

　　8.1　无土栽培的特点 ………………………………………………… *111*

　　8.2　国内外无土栽培发展概况 ……………………………………… *112*

　　8.3　无土栽培的分类 ………………………………………………… *115*

　　8.4　营养液的配制及其管理 ………………………………………… *117*

　　8.5　固体基质培 ……………………………………………………… *127*

　　8.6　水培技术 ………………………………………………………… *139*

8.7　雾培 ··· *143*

第9章　灌溉和施肥设施

9.1　微喷灌 ·· *144*

9.2　滴灌 ··· *154*

9.3　膜下灌溉技术 ·· *158*

附录　课程实践指导

实践1　设施类型的调查 ·· *160*

实践2　塑料拱棚结构的观测与设计 ···································· *161*

实践3　电热温床的设计与安装 ·· *162*

实践4　设施环境的观测与调控 ·· *164*

实践5　设施覆盖材料的使用与管理 ··································· *166*

实践6　二氧化碳施肥技术 ··· *167*

实践7　节水灌溉技术 ·· *169*

实践8　无土栽培营养液的配制 ·· *172*

实践9　设施消毒技术 ·· *174*

参考文献 ··· *176*

第0章 绪 论

本章导读

本章主要介绍了园艺设施的概念、园艺设施的发展简史以及发展园艺设施的重要意义,阐述了本课程的特点和学习要录。希望学生结合生活实际认真理解和体会发展园艺设施的重要性,增强学好本课程的自觉性和信心。

园艺设施是人类生产和科技水平不断发展的产物,是人类不断了解自然、充分利用自然的过程,也是人类战胜自然、创造自然的结果,因此,园艺设施必将随着科技水平的不断提高和人们对自然、生物研究的不断深入而逐步完善。那么到底什么是园艺设施?在生产上和人们的生活中有着怎样的作用和意义呢?人们如何利用园艺设施在获取更多产品的同时保护好环境,促进农业的可持续发展?通过本书的学习,你将找出一个正确的答案。

0.1 园艺设施的概念

在长江流域,对于绝大多数作物来说,春秋季是最适宜的生长时期,因一年中相对适宜的生长时间较短,抑制了作物的生长量和产量。利用人工建造的保护设施,如塑料大棚、日光温室、遮阳网等,能够为作物生长提供一个较为适宜的生长环境,从而提高作物的产量、改善作物的品质。在不适宜园艺作物生长发育的寒冷或炎热季节,人为地进行保温、防寒或降温、防雨等,创造适宜园艺作物生长发育的小气候环境,这些用于保温、防寒、防雨、降温的设施和设备就是园艺设施。简单地说,为园艺作物创造适宜的生长环境和条件所采用的设施或设备就称为园艺设施。园艺设施的种类很多,作用也千差万别。例如,防虫网可减轻病虫危害;遮阳网可防止高温、暴雨和环境污染等气象灾害对蔬菜生产的危害;塑料大棚、日光温室等可提前或延后园艺作物的栽培,实现提早或延迟上市、延长供应时间。通过园艺设施在园艺产品生产中的应用,最终实现增加园艺产品的花色品种,提高其生产产量和品质,缓解供求矛盾,实现周年生产,均衡供应。因此,我们只要能根据各种不同设施的特性,合理地选择利用，就能为生产带来更高的产量和效益。

园艺设施在我国有着悠久的历史，对此我国许多古籍中都有记载。《古文奇云》云："秦始皇密令人种瓜于骊山硎谷中深处，瓜实成。"《汉书补遗》中记载："大官园种冬生葱韭菜菇，覆以屋庑，昼夜燃蕴火，得温气乃生……"《香祖笔记》云："宋时武马林睦藏花之法，以纸糊密室，凿地作坑，编竹置花于上，粪土以牛溲马悖硫磺，尽培溉之功，然后沸汤于坑中，候汤气熏蒸，扇之经宿，则花即放。"《农书》中记载："韭菜至冬移根藏于低屋荫中，培以马粪，暖而即长。"《学圃杂疏》中记载："王瓜出燕京者最佳，其地人种之火室中，逼生花叶，二月初即结小实，中宦取之上供。"这些都是我国古代劳动人民积极探索园艺保护设施，不断创新生产手段的最好例证，也体现了我国劳动人民的智慧。

新中国成立以后，我国的园艺设施也得到了迅速的发展，特别是近30年，发展更加迅猛。据统计，1978年全国大棚设施面积仅为0.53万公顷，1988年已发展到1.93万公顷，2000年达到了近70万公顷，目前已超过200万公顷。我国园艺设施的发展经历了总结推广传统保护栽培设施阶段，塑料大棚和地膜覆盖推广普及阶段，日光温室和遮阳网、防虫网和避雨栽培普及推广阶段和大型现代化温室引进与国产化发展时期，目前正向着连栋化、大型化、规模化方向发展。

0.2 园艺设施是保障供应的重要举措

蔬菜是人们生活中不可缺少的副食品。随着人民生活水平的不断提高，特别是解决了温饱而步入小康之后，园艺产品的需求量迅速增加，成为促进农业产业结构调整的主要动力，也为我国切实解决好"三农"问题开辟了新路。蔬菜生产是农业生产的重要组成部分，由于蔬菜中含有丰富的维生素、矿物质、碳水化合物、蛋白质、脂肪等多种营养物质，有些是粮食作物或其他动物性食品中所没有的，因此与人们的健康息息相关，是人们生活的必需品。蔬菜设施栽培之所以发展很快，是因为自然季节的限制，使我国很多地区不可能一年四季进行露地蔬菜生产。蔬菜消费的经常性与生产的季节性存在很大矛盾，严寒冬季或炎热多雨的夏季，许多蔬菜难以在露地生长，只能靠设施栽培，才能做到周年生产、均衡供应。尽管依靠大市场、大流通或贮存保鲜，对蔬菜周年均衡供应能起到很大的支持作用，但人民生活水平提高后，对蔬菜质量要求越来越高，蔬菜的新鲜度、质量和产品的安全性越来越受人们的关注，很多不耐贮运的蔬菜只能靠各种园艺设施进行反季节栽培，才有可能满足市场供应。

随着我国工业发展步伐的不断加快、城市规模迅速发展，加上土壤盐碱化和沙漠化的推进等因素，我国的耕地面积在不断地减少，依靠传统的"广种博收"理念已经很难应对因人口增长和消费水平的提高所引起的消费需求膨胀。只有通过大力发展园艺设施，不断地提高单产和产品的质量，才能满足人们的消费需求。在某种意义上来说，人们对园艺设施的依存度，在今后一段时间内将越来越高。

中国设施农业发展很快，1996年设施蔬菜、花卉栽培面积达69.93万公顷，1999年猛增到 133.33 万公顷,3 年间增长近 1 倍。其中我国自行研究设计的适合不同地区各种建筑结构、环境控制和栽培技术的高效节能日光温室面积达 20 万公顷;塑料遮阳网面积达 1.5 亿平方米,防虫网面积达 300 多万平方米,合计覆盖面积约 7.33 万公顷。2002 年设施蔬菜、花卉栽培面积已达 221.73 万公顷。设施蔬菜栽培面积不断扩大,供应水平不断提高,品种多样,四季货源充足,淡季不淡,市场繁荣,农民增收。1985 年蔬菜人均占有量为 119 kg,到 1998 年达到 253 kg,2004 年增加到 284 kg,为世界人均占有量的 2.78 倍。又据中国农业推广协会 2008 年 3 月在中国食品网上发布的有关数据显示,我国设施蔬菜的发展在丰富消费者的"菜篮子"、提高人民生活水平、增加农民收入等方面发挥了重要作用。2007 年全国蔬菜种植面积达 1 860 万公顷,蔬菜总产量达 5.99 亿吨,人均占有量在 450 kg 以上。在我国蔬菜产业中,各类蔬菜设施栽培面积已达 266.7 万公顷,设施蔬菜总产值已占蔬菜总产值的 40% 以上,特别是近几年设施蔬菜种植面积发展迅猛,蔬菜设施栽培已成为"现代农业"和"高效生态农业"的主要发展方向。

近年来,花卉产业呈现出蓬勃的发展景象,各类花卉产品也逐渐成为人们生活中不可缺少的消费品。重大庆典活动和节假日的摆花、探亲访友的捧花、家庭插花等,已成为一种时尚。花卉是美的象征,也是社会文明进步的体现,不仅可以起到绿化和美化的作用,而且可调节空气温度和湿度,吸收有害气体,吸附烟尘,净化环境。花卉生产也成为了园艺生产的重要组成部分,经济效益日趋显著。据报道,1999 年我国花卉栽培面积已达 8.8 万公顷,占全世界的 1/3。在设施园艺生产中,花卉栽培的面积增加得很快,反季节栽培的花卉,其经济效益已超过蔬菜。一些高档花卉的栽培,尤其需要良好的栽培环境条件作保证,园艺设施是必不可少的。据北京市农业技术推广站统计,到 1999 年底,北京现代化温室总面积达 2.991 万平方米,其中用于花卉生产的面积占 66.37%,反映了温室花卉生产的经济效益和市场需求的持续增加。表 0-1 为全国各地 2000 年花卉栽培设施情况统计。

表 0-1 中国 2000 年各地区花卉栽培设施情况统计

地区	保护地类型及面积/公顷						保护地使用情况/公顷		
	合计	加温温室	进口温室	日光温室	大(中小)棚	遮阴棚	切花	盆栽植物	其他
全国总计	16 925	1 401	157	1 810	9 507	4 207	6 240	7 152	3 629
天津	55	40		7	4	3	7	47	
河北	1 011	138	16	381	374	118	335	670	22
山西	20	13	6	7	1			20	6
内蒙古	155	58			98		7	83	65
辽宁	410	250	7	160			135	275	7
吉林	200	140	5	60			85	120	
上海	1 026	172	4	26	209	619	618	408	4
江苏	1 778	88	14	147	813	731	144	752	895
浙江	3 385	16	8	104	2 544	721	134	961	2 297

续表

地区	保护地类型及面积/公顷						保护地使用情况/公顷		
	合计	加温温室	进口温室	日光温室	大(中小)棚	遮阴棚	切花	盆栽植物	其他
福建	391	9	1		67	315	46	336	11
江西	447	3	2	30	144	271	130	318	2
山东	255	172	3	82			37	220	
河南	1 074	116	5	162	505	290	168	889	22
湖北	22	8		10	3	1	13	9	
湖南	183	11	4	8	63	100	27	16	144
广东	1 384	31	12	46	489	818	193	1 186	15
广西	125	3		4	92	27	36	89	
海南	17	1	1			17	1	16	1
四川	167	7			160		90	20	57
贵州	17	2			14	1	2	3	12
云南	2 139	42	32	209	1 815	72	1 869	270	32
陕西	59	25		34					
甘肃	145	10	1	91	25	18	13	132	
新疆	2 460	48	37	241	2 088	83	2 149	311	

注：摘编自《中国农业统计资料2000》，2000年12月31日采集

　　果树设施栽培在我国起步较晚，草莓、葡萄、桃、油桃等近年来发展较快，它一方面解决了市场供应问题，另一方面克服了露地栽培经常发生的一些病害，减少了农药的使用，保证了果实的质量，提高了产量。随着国民经济的发展，人民生活水平不断提高，国际贸易不断扩大，果品出口需求不断增长，利用设施栽培来提高产量、提早上市供应时间，是一条保证水果周年供应的重要途径。据不完全统计，目前全国果树设施栽培面积达4.67万公顷，主要以草莓为主，约占73%。因此，果树设施栽培仍有着巨大的发展潜力，在今后一段时期内必将有快速的发展。

0.3　园艺设施是社会发展的必然要求

　　我国农业发展正面临着耕地不断减少、人口不断增加、社会总需求不断增长的巨大压力。1992年以来，全国耕地面积每年约减少30万公顷，而总人口却以0.17%的速度递增，预计21世纪中叶全国人口将达到16亿，耕地将减少1033.33万公顷。在人均自然资源相对短缺的情况下，使我国主要农副产品的总供给与不断增长的总需求之间保持基本平衡，并且要可持续地

协调发展,是关系到人民生活、经济发展、国家繁荣、社会安定的根本性问题;也是关系子孙后代幸福生活的千年大计。面对资源紧缺、人口膨胀的严峻现实,必须改变农业低效高耗的增长方式,要走技术替代资源的路子,最终要走向农业工业化的发展道路。只有这样,才有可能利用有限的土地资源,创造出高产、优质、高效的农产品。发展园艺设施,增强人类对园艺作物生长环境条件的控制能力,延长适宜的生产季节,是获得农业高产出率的必然途径。

从今后的发展看,不仅城市人口对园艺产品的需求越来越多,质量要求越来越高,而且由于城市化进程的加快,原来在城镇郊区进行园艺生产的农民,有相当一部分转成了产品消费的居民群体,使供需矛盾进一步加剧,从生产的角度来说必须提高产量来满足对园艺产品不断增长的需求。例如,荷兰温室番茄产量可达 60 kg/m^2,黄瓜产量可达 81 kg/m^2,是露地栽培的十几倍甚至几十倍。正因为利用了保护设施,很好地控制了环境条件,使得番茄、黄瓜等蔬菜能全年生产,提高了蔬菜的产量。同时,在土地面积较小的条件下,通过设施栽培可以提高土地利用率,增加生产效率,满足市场需求。

虽然随着经济的发展,农业在国民经济中所占的比重越来越轻,但中央和各级政府仍然非常重视和关心农业生产,关注粮食安全和"菜篮子"稳定工作。近年来国家出台的有关农机补贴、设施农业补贴政策就是最好的例证。

0.4 园艺设施在园艺作物生产中的应用

园艺设施的种类很多,在不同的季节,根据不同的用途可以有目的地进行选择。例如,可根据当地的气候条件选择冬季用栽培设施的类型,可根据市场的需求来安排不同的设施生产方法,可根据资源条件和经济状况来选用相应的配套生产设备。总而言之,设施的应用应因地、因时而宜,总的要求是降低生产成本,保证产品质量,提高产量和经济效益,减少对环境所造成的污染,促进设施生产的可持续发展。以蔬菜设施生产为例,其应用主要体现在以下几个方面:

1. 利用设施培育壮苗

秋、冬及春季利用风障、阳畦、温床、塑料棚及温室为露地和设施栽培培育各种蔬菜幼苗,或保护耐寒性蔬菜的幼苗越冬,以便提早定植,获得早熟产品。夏季利用荫障、荫棚等培育秋菜幼苗。

2. 利用设施进行越冬栽培

利用风障、塑料棚等于越冬前栽培耐寒性蔬菜,在保护设备下越冬,早春提早收获。如风障根茬菠菜、韭菜、小葱等,大棚越冬菠菜、油菜、芫荽,中小棚的芹菜、韭菜等。

3. 利用设施进行早熟栽培

利用保护设施进行防寒保温,提早定植,以获得早熟的产品。

4. 利用设施进行延后栽培

夏季播种,秋季在保护设施内栽培果菜类、叶菜类等蔬菜,早霜出现后,仍可继续生长,以延长蔬菜的供应期。

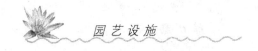

5. 利用遮阳网、防虫网等进行炎夏栽培

在高温、多雨季节进行栽培要利用遮阳网、遮阴棚、防虫网及防雨棚等设施,进行遮阴、降温、防雨、防虫害。

6. 利用设施进行无土栽培

园艺设施是无土栽培所必须的条件,利用设施可以避免雨水对作物根际环境的干扰,减轻病虫的危害,提高产量和品质。

此外,园艺设施还被应用于休闲、观光农业以及园艺产品的展览、销售和家庭绿化等方面,应用领域越来越广。园艺设施在蔬菜、花卉、果树生产上的具体应用,必须考虑到当地的气候特点、园艺作物的种类和特性、生产效益等,只有在此基础上进行科学选择、合理管理,才能取得良好的生产效果。

0.5 本课程的特点以及如何掌握正确的学习方法

本课程是一门应用性较强的课程,涉及许多相关基础知识,内容主要为设施的结构、类型、性能等,但最终归结到如何根据设施本身的特性、作物的特点,科学合理地调控设施的环境条件,促进作物生长,提高产量和品质的根本目的上。因此,在了解设施特性的基础上,还要掌握作物的生物学特性和对环境条件的要求,了解本地的气候特点。此外,还要求学生掌握一定的规划设计、土壤学、植物保护学和力学等相关知识,只有在此基础上勤于摸索,才能真正选择好、应用好、维护好园艺设施,降低生产成本,提高经济效益。

因此,在学习的过程中,一方面要掌握园艺设施的特性,另一方面要走出课堂、走进设施,在生产管理的过程中去学习、领会,用实践知识来巩固和印证课堂理论知识,加深理解。通过实践来提高对本课程的学习兴趣,避免空洞的泛淡。要通过调查、研究来提高自身的应用能力,避免教条的本本主义。只有通过眼、耳、身的感受,用心领会,才能学好用好本课程的知识,为今后走上工作岗位奠定坚实的基础。

 本章小结

本章简要介绍了园艺设施的概念、园艺设施对保障人们生活和发展农业生产的重要意义,还介绍了园艺设施的发展趋势。学生可通过对实训基地的调研,增强对园艺设施的理解。

 复习思考

1. 什么是园艺设施?你接触过的园艺设施有哪些?
2. 园艺设施在园艺生产上有哪些作用?
3. 如何理解发展园艺设施的重要意义?

第1章 简易设施

本章导读

本章主要介绍了阳畦、酿热温床和电热温床的结构,酿热温床和电热温床的制作方法和制作要点,阳畦、温床在生产中的运用。要求学生了解阳畦和温床的结构,掌握酿热温床和电热温床的正确制作方法,特别是电热温床的制作过程和使用中的注意点。

简易设施的种类较多,本章主要介绍阳畦、酿热温床、电热温床和地膜覆盖阳畦和酿热温床在生产中仍有应用。电热温床已成为秋冬季和早春育苗时苗床土壤加温的主要方法。地膜覆盖除用于冬季、早春地表覆盖提高土壤温度外,目前在夏季应用黑色地膜覆盖,降低土壤温度、防除杂草等也十分普遍。

1.1 阳 畦

阳畦,又称冷床,由风障畦演变而成。在生产过程中,为了增强风障畦的保温性能,将畦埂加高增厚后形成畦框,再在畦框上增加透明采光覆盖物和不透明保温防寒覆盖物,来增加其采光和保温性能,就形成了阳畦。阳畦是一种白天利用太阳光能增温,夜间利用风障、畦框、不透明覆盖物保温防寒的简易园艺设施。

1.1.1 阳畦的结构和类型

阳畦是由风障、畦框、透明覆盖物和不透明覆盖物四部分组成的,在方位上以坐北朝南为主,各组成部分的性能特点如下:

1. 风障

在北方冬季寒冷、干燥、风大的地区,为了增强阳畦的保温性多设立风障;南方有些地区冬季不十分寒冷,或阴雨天较多,有时省去了风障。风障大多采用完全风障,又可分为直立风障(用于槽子畦)和倾斜风障(用于抢阳畦)两种形式。

2. 畦框

畦框多用土夯实成土墙或用砖砌成砖墙,生产上也有用木板制成的畦框。根据畦框所在的位置不同,分别被称为南框、北框和东西框(也有的地方称为南墙、北墙和东西墙)。根据畦框的结构不同,可将阳畦分为:"槽子畦"、"抢阳畦"。

(1) 槽子畦

如图 1-1 所示,东南西北框接近等高,四框围成近似槽子形状,故名"槽子畦"。"槽子畦"一般畦框高 30~50 cm,框宽 35~40 cm,畦面宽 170 cm 左右,畦长 6~10 m。

图 1-1　槽子畦结构示意图

(2) 抢阳畦

如图 1-2 所示,北框高而南框低,东西两框成坡形,四框做成向南倾斜的坡面,这种阳畦的特点是南框较低,遮阴少,能充分地利用阳光,故名"抢阳畦"。"抢阳畦"一般北框高 40~60 cm,南框高 20~40 cm,呈北高南低向南倾斜的梯形;墙的厚度在各地有较大的差异,通常北方寒冷地区的墙较厚,而南方地区的则较薄。为了增强土墙的牢固性,通常制作成底部宽上部稍窄的梯形,一般为底宽 40 cm,顶宽 30 cm;为了便于生产管理,通常畦面不宜过宽,畦面宽一般为 166 cm 左右,畦长 6~10 m。阳畦土墙的厚度可参考当地的最大冻土层厚度,土墙实际厚度应大于当地最大冻土层厚度 5~10 cm。

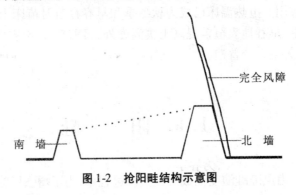

图 1-2　抢阳畦结构示意图

3. 透明覆盖物

透明覆盖物主要有玻璃和塑料薄膜。用玻璃做覆盖物时,先要用角铁和 T 字形钢材做成窗框来固定玻璃,也有用木材做成木框的。因为玻璃弯曲度小、比重大、操作费力,每年使用结束后都要对窗框进行维护,所以目前在生产上应用越来越少。用塑料薄膜作为覆盖物时,可采用竹竿、竹片或钢筋等,在畦面上做成斜面或弧形的支架,然后覆盖塑料薄膜,简便实用。南方地区冬季雨水多,也可用薄膜将阳畦全覆盖以防止雨水冲蚀墙体和雨水渗入阳畦。因其覆盖形式灵活实用、方便管理,在生产上被广泛应用。透明覆盖物的主要功能是在白天进行采光和减少阳畦内外热量的交换损失。

4. 不透明覆盖物

不透明覆盖物是阳畦的防寒保温材料,多采用草苫、蒲席等,也可采用几样覆盖材料的多层覆盖形式,如 2~3 层的塑料薄膜或塑料薄膜与遮阳网混合覆盖等。在使用不透明覆盖物保温时,一定要注意使覆盖物保持干燥,提高保温性。

1.1.2 阳畦的设置和应用

1. 阳畦的设置

阳畦的建造材料前面已作了介绍,如果用砖砌成砖墙时,往往阳畦的位置相对固定,不易搬迁,因此要特别注意场地的选择。如果用湿土夯砌成阳畦,虽然建造比较费工,但场地设置比较灵活,可根据生产安排每年更换地点,对于生产育苗来说,可减轻病害,避免连作危害。设置时应注意以下几点:

(1) 设置时间

每年秋末开始施工,最晚应在土壤封冻以前完工,让土墙干透,防止冻裂,翌年夏季拆除。应该注意的是,为了达到良好的防寒保温目的,土墙的厚度应大于当地的冻土层的厚度,否则保温效果差,易造成生产失败。砖砌阳畦则不受此限制,但也应注意建造的厚度和砌墙的方法,提高保温能力。

(2) 场地选择

选择地势高燥、土质肥沃、排水良好的地块设置阳畦,并且要求东、南、西三方无高大遮阴物遮光,北侧则有围墙、树木、高大建筑等挡风物为好。在阳畦的四周留有足够的空间,便于肥料、秧苗等的运输和晒草帘等作业。在北方地区,地下水位低,可建成地下式来增强保温性;在南方地区,地下水位高,应建成地上式来提高阳畦的排水能力。

(3) 田间布局

阳畦的方向以东西延长为好,畦数少时,应做成长排畦,不宜单畦排列,以免受回流风的影响。两排阳畦的距离,以 5~7 m 为宜,避免前排风障遮挡后排阳畦的阳光;在不设立风障时,两排的间距可缩小至 2 m 左右。也可以在阳畦群的最北侧设立一排风障,既可省成本,也可以提高阳畦的保温能力。

2. 阳畦的应用

阳畦多用做蔬菜冬春季育苗,为春季早熟栽培提供秧苗;也可用做园艺作物种株越冬保护、假植贮藏和蔬菜的软化栽培。由于受阳畦性能的制约和制作时成本较高,管理时较费力,现在在生产上运用已逐渐减少,取而代之的是温床和小拱棚。

1.2 温 床

温床是一种在阳畦基础上增设了加热条件而形成的简易园艺设施,温床加热的能量源有酿热、火热、水热、地热和电热等。温床除了在床底铺设增温设备和材料以外,其他结构与抢阳畦基本相同。

目前,我国各地采用较多的温床种类有酿热温床、电热温床等。

1.2.1 酿热温床

1. 酿热温床的原理

酿热温床的原理:利用好气性微生物分解有机质时释放的热量来进行土壤加温。用公式表示为:

$$\text{新鲜有机物} + H_2O + O_2 \xrightarrow{\text{好气性微生物}} \text{腐熟有机物} + CO_2 + \text{热能}$$

用于酿热分解的材料称为酿热物。通常在酿热物中含有多种细菌、真菌、放线菌等微生物,它们都对酿热物的分解起一定的作用,其中对发热起主要作用的是好气性细菌。

酿热物发热的快慢、温度的高低和持续时间的长短,主要取决于好气性细菌的繁殖活动情况。好气性细菌繁殖得越快,酿热物发热越快、所能达到的温度越高、持续时间越短;反之则相反,发热慢、温度低和持续时间长。好气性细菌繁殖活动的快慢与酿热物中的氮(N)、碳(C)、氧(O)和水分含量有密切关系。N 是微生物繁殖活动的营养,C 是微生物分解活动的能源,O 是好气性微生物活动的必备条件,水分含量的多少直接影响到酿热物中氧气的量,因此,可通过增加或减少水分来调节酿热物的含氧量。

许多试验都表明,当酿热物的碳氮比(C/N)在(20~30)∶1 之间、含水量在70%左右、温度在10 ℃以上时,好气性微生物的繁殖活动旺盛,发热正常,持续时间较长;当碳氮比(C/N)大于30∶1 时,尽管含水量、温度都适宜,但是酿热物的发热温度低而持久;反之,当碳氮比(C/N)小于20∶1 时,虽然发热温度高,但不能持久。因此,可以根据酿热物发热的原理,通过调节酿热物的碳氮比(C/N)、含水量来调节发热过程的温度高低和持续时间。

根据酿热物发热程度的不同,可将其分为:高酿热物,如新鲜马粪、新鲜厩肥、各种饼肥等;低酿热物,如牛粪、猪粪、作物秸秆等。高、低酿热物在单独使用时,都不能起到很好的增温和保持一定发热时间的效果,因此,应将高、低酿热物按一定比例进行混合,才能发挥更好的作用。常用的几种酿热物的碳(C)、氮(N)含量及碳氮比(C/N)如表1-1所示。

表 1-1 各种酿热物的碳(C)、氮(N)含量及碳氮比(C/N)

种 类	C/%	N/%	C/N	种 类	C/%	N/%	C/N
稻 草	42.0	0.60	70	米 糠	37.0	1.70	22
大麦秆	47.0	0.60	78	纺织屑	59.2	2.32	23
小麦秆	46.5	0.65	72	大豆饼	50.0	9.00	5.5
玉米秆	43.3	1.67	26	棉子饼	16.0	5.00	3.2
新鲜厩肥	75.6	2.80	27	牛 粪	18.0	0.84	21.5
速成堆肥	56.0	2.60	22	马 粪	22.3	1.15	19.4
松落叶	42.0	1.42	30	猪 粪	34.3	2.12	16.2
栎落叶	49.0	2.00	24.5	羊 粪	28.9	2.34	12.3

2. 设置过程

（1）底部结构

为了使整个温床的温度分布比较均匀，在设置酿热温床时，应根据阳畦内温度的分布特点，将温床的底部挖成弧形，在靠南墙温度较低的地方挖深一些，便于增加酿热物的厚度来增加发热量；在靠北墙温度稍高的地方则要稍微浅一些；在温床中部温度最高的地方则最浅，如图1-3所示。

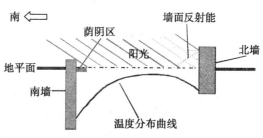

图1-3 阳畦内自然状态下温度分布曲线

（2）酿热物的厚度

在填充酿热物时，对酿热物的厚度有一定的要求，当厚度小于10 cm时，则酿热物不能起到分解增温的作用，仅提高了温床的保温性；当酿热物的厚度大于60 cm时，常常因为底部通气不良，酿热物不能充分分解；因此，在填充酿热物时，一般厚度要求在30～40 cm为宜。

（3）酿热物铺设

为了使酿热物能充分分解，通常可以将不同的酿热物先进行混合然后进行填充，或将不同的酿热物间隔分层填充。在铺设时，要求一边铺垫酿热物一边进行踩实，但又不能过紧或过松。过松，则酿热物分解变软后，容易引起栽培床面的下陷或产生裂缝；过紧，则下部通气不良，酿热物不能充分分解。此外，在铺设时，如果酿热物比较干燥，应适量补充水分，也可补充人畜粪水，含水量要求在70%左右，也即以用手握紧酿热物时有水渗出为度。

（4）底温

酿热物填充好后，应在酿热物中插入温度计，并立即用玻璃窗或塑料薄膜将温床覆盖好，夜间可增加草苫等覆盖保温。待床内酿热物中的温度上升到40 ℃～50 ℃时，揭开覆盖物，先将较粗的培养土覆盖在酿热物上，适当踩实，然后再将配好的细营养土铺入温床，厚度为8～10 cm，耙平后浇水，即可用于园艺作物的育苗或栽培。

3. 性能及应用

酿热物发热一般可分为两个阶段，一是迅速大量发热阶段；二是缓慢放出热量并逐渐减少阶段。以新鲜马粪为酿热材料为例，开始8～13 d，温度可达50 ℃～70 ℃；15～40 d，温度稳定在15 ℃～20 ℃；40 d以后，发出的热量就很少了，对增加床温的作用不大，但仍起到一定的保温作用。

酿热温床虽具有发热容易、操作简单等优点，但是发热时间短，热量有限，温度前期高后期低，且不易调节，同时耗材、人工量大，不能满足现代农业生产的要求，其使用正在逐渐减少，取而代之的是电热温床。

4. 酿热温床的使用与维护

酿热温床可用于冬季蔬菜育苗、耐寒蔬菜的越冬栽培和假植栽培。

酿热温床在使用过程中应该经常检查土墙墙体是否有裂缝或坍塌现象；覆盖材料是否覆盖严密；覆盖保温材料如草苫、草帘等是否保持干燥；透明覆盖材料是否清洁，并保持良好的透光性，如果受到灰尘等的污染应及时进行清洗。在南方地区，由于地下水位较高，在酿热温床的四周应开好排水沟,防止地下水位过高引起酿热物水分过多,地温上升慢而降低酿热温床的效果。

1.2.2 电热温床

1. 电热温床结构

电热温床是在阳畦、小拱棚、大棚及温室内的栽培床上安装电热线,利用电能来对土壤进行加温,故称电热温床。电热线埋入土层深度一般在 10 cm 左右,但如果用育苗钵或营养土块育苗,则以埋入土中 1~2 cm 为宜。电热温床的横断面如图 1-4 所示。

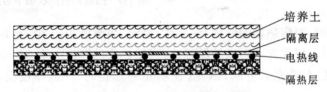

图 1-4 电热温床横断面示意图

2. 电热线的加温原理与设备组成

电热线的加温原理:利用电流通过电阻较大的导体,将电能转变成热能而使床温升高,一般 1 kW 功率的电热线,每小时可产生 3 600 kJ 的热量,因此,用电热线对土壤进行加温,具有升温快、温度均匀和便于调控的优点。

电热线的结构:两头是普通导线,用于固定和与电源、控温设备进行连接;中间部分是电阻线,电流通过时产生热量;在普通导线与电阻线的连接处,有密封管封闭,防止渗水引起漏电。

电热线的规格和主要参数:电热线的规格主要有空气加温线和地加温线,空气加温线可用于空气加温、土壤加温和水加温;地加温线只能用于土壤的加温,因此要严格加以区别。电热线的主要参数有电流、电压、功率、最高使用温度、长度等。

电热加温的设备:主要有电热线、控温仪、继电器、电源开关、配电盘等。长三角地区使用较多的是上海农业机械研究所生产的电热线系列,其主要参数如表 1-2 所示。

表 1-2 电热线的主要技术参数

型号	电压/V	电流/A	功率/W	长度/m	色标	使用温度/℃
DV20205	220	1	250	50	粉红	≤40
DV20406	220	2	400	60	棕	≤40
DV20608	220	3	600	80	蓝	≤40
DV20810	220	4	800	100	黄	≤40
DV21012	220	5	1 000	120	绿	≤40
DKV-800	220	4	800	50	桔红	≤40
VDK-1000	220	5	1 000	60	紫红	≤40

注:DV 系列电热线主要用做土壤的加温,DKV 系列电热线主要用做空气加温。

控温仪的型号有很多,我们在选用时,主要要参考它的参数,应满足电热线较长时间加温的需要。控温的参数有电压(电源)、输出功率、控温精度、控温范围、控温方法和工作时间等。例如,在与电热线直接相连时,控温仪的输出功率应大于电热线的功率,控温精度在 $\pm 2\ ℃$ 以内,控温范围在 $0\ ℃ \sim 35\ ℃$,连续工作时间应大于 8 h,这样的控温仪才能保证电热线正常工作。

3. 电热温床的铺设

(1) 确定电热温床的功率密度

电热温床的功率密度是指温床单位面积在规定时间内(7~8 h)达到所需温度时的电热功率,用 W/m^2 表示。具体选择参见表1-3。基础地温指在铺设电热温床未加温时 5 cm 土层的地温。设定地温指在电热温床通电(不设隔热层,日通电 8~10 h 时)达到的地温。我国华北地区冬春季阳畦育苗,电热功率密度以 $90 \sim 120\ W/m^2$ 为宜,温室内育苗时以 $70 \sim 90\ W/m^2$ 为宜;东北地区冬季室内育苗时以 $100 \sim 130\ W/m^2$ 为宜。

表1-3 电热温床功率密度选用参考值(W/m^2)

设定温度/℃	基础地温/℃			
	9~11	12~14	15~16	17~18
18~19	110	95	80	—
20~21	120	105	90	80
22~23	130	115	100	90
24~25	140	125	110	100

(2) 根据电热温床面积计算所需电热线的总功率

计算公式如下:

电热线总功率 = 电热温床面积 × 功率密度

(3) 根据电热总功率和每根电热线的额定功率计算电热线根数

计算公式如下:

电热线根数 = 总功率/每根电加温线的额定功率

由于电加温线不能剪断或私自改变其电阻的大小,因此计算出来的电热线根数必须取整数。所以,实际使用的功率可能会大于或小于计划的功率密度,可根据具体情况来定。

(4) 布线间距

功率密度选定后,根据不同型号的电热线,可查以往的经验数据表(表1-4)确定布线间距,也可以用计算的方法求得。

布线行数 = (电热线长度 − 床宽)/床长　　　(取偶数)

线间距 = 床宽/(行数 − 1)

表1-4　不同电热线规格和设定功率的平均布线间距

设定功率 /(W·m^{-2})	电热线规格			
	60 m　400 W	80 m　600 W	100 m　800 W	120 m　1 000 W
70	9.5	10.7	11.4	11.9
80	8.3	9.4	10.0	10.4
90	7.4	8.3	8.9	9.3
100	6.7	7.5	8.0	8.3
110	6.1	6.8	7.3	7.6
120	5.6	6.3	6.7	6.9
130	5.1	5.8	6.2	6.4
140	4.8	5.4	5.7	6.4

（5）布线方法

如图1-4所示，在苗床底铺好隔热层，压少量细土，用木板刮平，就可以铺设电热线。布线时，先按所需总功率的电热线总长，计算出或参照表1-4找出布线的平均间距，按照间距在床的两端距床边10 cm处插上短竹棍（靠床南侧及北侧的几根竹棍的平均间距可以密些，中间的可以稍稀些），然后把电热线贴地面绕好，电热线两端的导线（即普通的电线）部分从床内伸出来，以备和电源及控温仪等连接和固定，如图1-5和图1-6所示。布线完毕，立即在上面铺好床土。电热线在铺设时，不可相互交叉、重叠、打结；布线的行数最好为偶数，以便电热线的引线能在一侧，便于与电源连接。若所用电热线超过两根以上时，各根电热线都必须并联使用而不能串联。

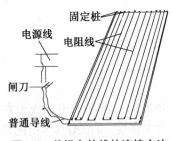

图1-5　单根电热线的连接方法

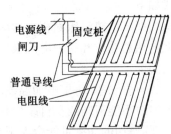

图1-6　两根及以上电热线的连接方法

（6）电源及控温仪的连接

控温仪可按仪器说明接通电源，并把感温插头插在电热温床的适当位置。接线时，功率＜2 000W（10 A以下）时可采用单相接法；功率＞2 000W时，可采用单相加接触器（继电器）和控温仪的接法；功率电压较大时可采用380 V电源，并选用与负载电压相同的交流接触器。

4. 电热温床的使用与维护

电热温床主要用于冬春季园艺作物的育苗和扦插繁殖，以果菜类蔬菜育苗应用最多。有些地区，也有用于越冬栽培的例子，但应充分考虑设施的保温性、作物的特性以及经济效益。由于电热温床具有增温性能好、温度可精确控制和管理方便等优点,现在生产上已被广泛应用。

在使用过程中,要特别注意劳动操作不能损伤电热线,避免漏电现象的发生;发现有电热线露出地面时,应及时用土覆盖;可用电表记录电热温床的用电量,如发现用电量异常时,应及时进行检查;也可在电热线电源的接入处安装空气开关,防止因漏电而伤人。每一茬栽培结束后,应将电热线及时取出并清洗干净,于阴凉处保存,防止塑料护套老化,延长使用寿命。

1.3 地 膜 覆 盖

地膜覆盖又叫塑料薄膜地面覆盖,是利用很薄的塑料膜覆盖于地面或近地面,从而改善作物根际的生长环境,促进作物增产的一种栽培方式,是现代农业生产中既简单又有效的增产措施之一。地膜覆盖具有增加地温、减少土壤水分蒸发、防除杂草等作用。

1.3.1 地膜覆盖方法

1. 地表覆盖

地表覆盖是将地膜紧贴垄面或畦面覆盖,其主要有以下几种形式:

(1) 平畦覆盖

利用地膜在平畦畦面上覆盖。平畦覆盖可以是临时性覆盖,于出苗时将薄膜揭除,也可是全生育期的覆盖,直到栽培结束。平畦的畦宽一般为 1.2~1.65 m,可单畦覆盖,也可连畦覆盖。平畦覆盖便于灌水,初期增温效果较好,但后期由于灌水带入的泥土盖在薄膜上,影响阳光射入畦面,降低了增温效果。

(2) 高垄覆盖

栽培田经施肥平整后,进行起垄。一般垄宽 45~60 cm,高 15 cm 左右,垄面上覆盖地膜,每垄栽培 1~2 行作物,如马铃薯、黄瓜等的栽培。其增温效果一般比平畦高 1 ℃~2 ℃。

(3) 高畦覆盖

高畦可分为窄高畦与宽高畦两种,一般窄高畦畦面宽度为 0.6~1.0 m,覆盖成单畦,主要用于需要设立支架的蔬菜的栽培,如番茄、黄瓜、四季豆、长豇豆等(图 1-7);宽高畦畦面宽度为 1.2~1.65 m,可用地膜覆盖成单畦或双畦来提高土地的利用率,种植无需搭架的作物,如辣椒、茄子、矮生四季豆等(图 1-8)。利用两个窄畦合成一个宽畦,可克服因畦面过宽不便于灌水的缺点,便于栽培管理。

图1-7 黑色地膜窄高畦覆盖

图1-8 普通地膜宽高畦覆盖

2. 近地面覆盖

近地面覆盖是将塑料地膜覆盖于地表之上,与地面间形成一定的栽培空间,可以延长作物在地膜下的生长时间,促进提早发育。其主要有以下几种形式:

(1) 沟畦覆盖

沟畦覆盖是将栽培畦的畦面做成沟状,将栽培作物播种或定植于沟内,然后覆盖地膜,幼苗在膜下生长,待接触地膜时,将地膜揭除或在地膜上开孔将苗引出膜外,并将地膜落下作为地面覆盖。沟畦覆盖主要有宽沟畦、窄沟畦和朝阳沟畦等覆盖形式。

(2) 拱架覆盖

拱架覆盖是在高畦畦面上播种或定植后,用细枝条、细竹片等做成高约30~40 cm的拱架,然后将地膜覆盖于拱架上并用土封严,利用细竹片的支撑作用,为作物生长创造一个良好的空间。

1.3.2 地膜覆盖的效应

地膜覆盖是一项土壤管理的实用技术,具有以下综合效应:

1. 提高地温

地膜覆盖后的增温效应,东西延长的高垄比南北延长的增温效果好;晴天比阴天的增温效果好;无色地膜比其他有色地膜的增温效果好。

2. 提高土壤保水能力

地膜覆盖后,由于薄膜的阻隔,水蒸气变为小水滴又回到土壤中去,减少了水分蒸发。盖膜的较不盖膜的土壤耕层含水量可提高4%~6%,能保持良好的土壤湿度。在雨水过多的情况下,地膜覆盖又能起到防止雨水冲刷、防涝的作用。

3. 提高土壤养分含量

地膜覆盖后减少了雨水冲淋和不合理的灌溉造成的土壤养分的流失;同时膜下土壤中温、湿度适宜,微生物活动旺盛,可加速土壤中有机物质的分解转化,提高了速效性氮、磷、钾的含量。

4. 改善土壤理化性状

地膜覆盖能防止土壤板结,保持土壤疏松,通气性能良好,促进植株根系的生长发育。据测定,盖膜后土壤孔隙度增加4%~10%,容重减少,根系的呼吸强度明显增加。

5. 减轻盐碱危害

盖膜后抑制土壤水分上升蒸发,控制盐碱随水分上升,降低土壤表层盐分含量,减轻盐碱对植物的危害。

6. 降低空气相对温度

覆盖地膜后减少了水分蒸发,可降低设施内的空气湿度,故可抑制或减轻病害的发生。

7. 抑制杂草的生长

覆盖地膜后薄膜紧贴在地面上,畦面四周压紧实,杂草长出后被高温杀死。如果采用黑色膜、绿色膜等,阻止阳光进入到膜下,就能有效地抑制杂草的生长。

1.3.3 地膜覆盖的应用

由于地膜覆盖具有以上效应,因此,在一年的各个季节都可以应用地膜覆盖栽培,但应注意选择合适的地膜种类。例如,早春地温较低,选择透光性好的无色地膜进行覆盖时,能有效地提高地温,加速作物的生长发育过程,从而促进作物的早熟、丰产、优质。在夏季地温较高、杂草较严重的季节,可选择黑色地膜进行覆盖,可起到适当降低地温和防除杂草的双重效果。

地膜覆盖可用于果菜类、叶菜类、瓜类、豆类、草莓或果树等的春早熟栽培;特殊地膜,如黑色地膜、黑白双色地膜等,可用于夏季露地定植黄瓜、番茄等,起到降低地温、防除杂草的作用。地膜覆盖还用于大棚、温室果菜类蔬菜、花卉和果树的栽培,以提高地温和降低空气湿度。一般在秋、冬、春季栽培中应用较多。地膜覆盖也可用于各种园艺作物的播种育苗,以提高播种后的土壤温度和保持土壤湿度,有利于促进种子发芽。

1.3.4 地膜覆盖的维护

经常进行田间检查,防止地膜破损后窜风降低增温效果;浇水时尽可能少浇到地膜上,减少地膜污染,提高透光性,如果有条件的话可采用膜下滴技术;如果发现地膜下杂草较多,可根据天气情况及时破膜来清除杂草;残存在土壤中的旧膜会严重污染土壤环境,影响下茬作物的生长和土壤的可耕作性,因此,应及时用人工或机械清除地膜,并集中进行处理。

 本章小结

本章主要介绍了生产上常用的简易园艺设施阳畦、酿热温床和电热温床,包括其结构、性能和在生产上的运用,还介绍了地膜及其覆盖效应、应用中的注意点。地膜是一种生产上应用较多的覆盖材料,其增产效果、除草效果等非常明显,应重点加以理解和掌握。通过学习,我们要了解简易园艺设施的基本结构,掌握其正确的使用方法和管理要点,为提高其生产效益不断积累经验。

复习思考

1. 阳畦是由哪几部分组成的？
2. 酿热温床制作时的技术要点包括哪些？
3. 电热温床铺设时应注意哪些问题？
4. 地膜覆盖有哪些作用？地膜覆盖栽培时应做好哪几方面的工作？
5. 常用的特殊地膜有哪些？其作用分别是什么？

第 2 章 塑料拱棚

本章导读

本章主要介绍了塑料拱棚的类型、结构、性能,塑料大棚在建设规划时和日常使用过程中应注意的问题。通过本章的学习,要求学生掌握在生产中如何建造塑料拱棚,了解各种类型的塑料拱棚的基本性能和在实际生产中的运用,掌握塑料拱棚在实际生产中的维护要求,降低设施生产成本,提高经济效益。

塑料拱棚是利用竹竿、毛竹片、钢管、钢筋或钢筋水泥等作为骨架,在骨架上覆盖塑料薄膜后形成一定的栽培空间,从而进行蔬菜、花卉等生产的设施。根据塑料拱棚的大小和结构,可分为塑料小拱棚、塑料中棚、塑料大棚和连栋塑料大棚等。

2.1 塑料拱棚的分类

塑料拱棚类型很多,总体上来说可分为三大类:单栋拱圆(或屋脊形)结构塑料拱棚、连栋塑料拱棚和塑料日光温室。

2.1.1 单栋拱圆(或屋脊形)结构塑料拱棚

1. 塑料小拱棚的结构类型

塑料小拱棚一般高度为 1.0~1.5 m,宽度为 1.0~3.0 m。其拱架的材料主要有细竹竿、毛竹片、直径为 6~12 mm 的钢筋等。搭建时,每隔 60~100 cm 插一拱架,然后用竹竿纵向连接拱杆形成拱棚架,在其上覆盖塑料薄膜做成小拱棚。冬季严寒时,也可在小拱棚上覆盖草帘、旧薄膜等进行保温。小拱棚结构简单,建造容易,取材方便,适用于冬、春季蔬菜育苗和瓜、茄、豆类蔬菜及早春速生菜的提早栽培。小拱棚因棚体矮小,内部空间较小,因此升温快,降温也快,棚内温度、湿度不容易调节,在生产应用时应加强管理。各种小拱棚的类型如图 2-1 所示。

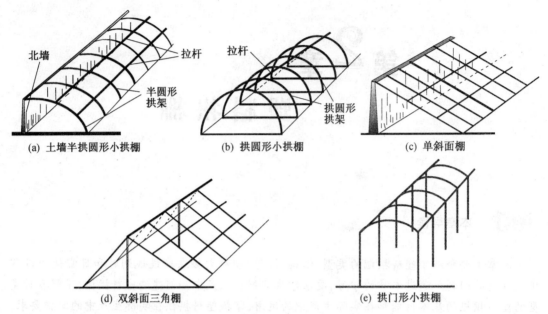

图 2-1　各种塑料小拱棚的结构类型

2. 塑料中拱棚的结构类型

塑料中拱棚也称塑料中棚，其面积和空间比小拱棚大，是小棚和大棚的中间类型。常用的中拱棚主要为拱圆形结构，塑料中棚的主要骨架有水泥拱架、竹拱架、钢筋拱架；拉杆和支柱多为毛竹或木桩，也有竹、木、钢筋等混合结构的；因塑料中棚的拱架多采用竹子或毛竹片，因此需设立一排或多排支柱来增加抗性(图 2-2)。塑料中棚棚高约 1.5 m 以上，跨度为 4 m 以上，人能在棚内进行劳动操作。中棚可用做育苗、栽培，性能优于小棚。

塑料中拱棚目前在苏州地区主要用于春早熟西瓜的栽培、秋西瓜延后栽培和秋冬食用菌类的栽培。

图 2-2　竹木结构中拱棚

3. 塑料大棚的结构类型

塑料大棚多用竹木、水泥预制件和钢管等做骨架，长度随场地及使用面积而定。一般长 30～40 m，跨度(宽)为 6～8 m，拱架高 2.2～2.8 m，拱间距为 0.6～0.8 m，拱肩高 1.4～1.7 m(包括入土的 40 cm)，用竹竿或钢管纵向连接拱杆形成拱棚架，在其上覆盖薄膜而形成大棚。南方地区的大棚与北方地区的大棚概念有较大差异，下面主要介绍本地大棚的结构类型。

大棚的构造主要包括"三杆一柱"，三杆即：拱杆(拱架)、拉杆(纵梁)、压杆(压膜槽)

和支柱。在镀锌钢管大棚和部分水泥大棚中,支柱被省略了。

竹结构大棚(图2-3),结构简单,造价低廉,容易搭建和更换场所;水泥结构大棚(图2-4),结构牢固,使用年限较长,但架材笨重,不易搬迁,相对投资成本也较高;镀锌钢管大棚(图2-5),架材细,透光性好,结构牢固,使用年限长,但一次性投资较大。塑料大棚在我国长江流域及以南地区被广泛应用。

塑料拱棚根据棚顶的形状不同,又可分为圆拱形、半圆拱形和屋脊式三种棚形,前两种透光、保温性能强于屋脊式大棚。

图2-3　竹结构大棚　　　　　　　　图2-4　水泥结构大棚

(a)镀锌钢管大棚结构　　(b)卡槽与拱架的连接配件　　(c)拱架套管、弹簧及拉杆

 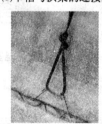 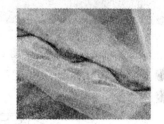

(d)塑料卡　　　　　　(e)压膜带及压膜带挂钩　　　　(f)卡簧

图2-5　镀锌钢管大棚及配件示意图

2.1.2　连栋塑料拱棚

连栋塑料拱棚也叫连栋大棚,由两栋或两栋以上的拱圆形或屋脊形塑料大棚连接而成。连栋大棚覆盖面积大,土地的利用率高,棚温稳定。在生产上往往因通风不良而造成高温高湿的危害,在北方地区也易受雪灾的危害,因此,连栋大棚在南方冬季少雪地区应用较广。

根据连栋塑料大棚屋顶的形状,可分为圆拱形连栋塑料大棚、锯齿形连栋塑料大棚和胖龙大棚等类型,如图2-6所示。

(a) 圆拱形　　　　　　　(b) 锯齿形　　　　　　　(c) 胖龙

图 2-6　常见的连栋塑料大棚类型

2.1.3　塑料日光温室

塑料日光温室是我国北方地区主要的保护地设施,类型多,使用面积大,分类较为复杂,可按屋面的坡形、屋面材料等进行分类。

1. 按前屋面的坡形分类

根据塑料日光温室前屋面的坡形不同,通常分为拱圆形和斜面形两种。拱圆形可分为圆弧形、抛物线形等(图2-7)。斜面形主要有琴弦式塑料日光温室(图2-8)。

(a) 抛物线形　　　　　　　　　　　　(b) 圆弧形

图 2-7　拱圆形塑料日光温室

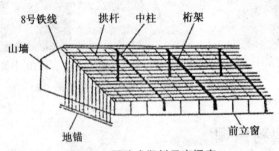

图 2-8　琴弦式塑料日光温室

2. 按温室的屋面数量分类

根据温室的屋面数量不同,可分为单屋面塑料日光温室、双屋面塑料日光温室和连栋式塑料日光温室三种(图2-9)。

图 2-9　双连栋钢管结构塑料日光温室

3. 按建筑骨架材料分类

根据建筑骨架材料的不同，可分为竹木骨架温室（图 2-10）、水泥预制件竹木温室（图 2-11）、钢筋焊接的骨架温室、薄膜镀锌钢管骨架温室（图 2-12）等。

图 2-10　竹木骨架结构

图 2-11　水泥预制件结构

图 2-12　镀锌钢管结构

4. 按用途分类

根据温室的用途不同，可分为生产性温室、试验性温室、展览温室和销售温室等。

2.2　塑料小拱棚

塑料小拱棚是塑料拱棚中结构最为简单的一种，由于其生产成本低，搭建简便，便于覆盖保温,同时又能与其他设施配套使用,因此,在现代农业生产中广泛应用。

1. 小拱棚在生产上的应用

小拱棚有较好的保温、防寒(霜)性能,在春提早栽培或冬季防止冻害发生方面有重要作用,因此,在我国南方和北方地区都有广泛的应用。小拱棚可以单独使用,也可与大棚、温室等配合使用。在单独使用时,小拱棚可以在早春进行蔬菜育苗、播种和提早定植。由于小拱棚可以采用草苫覆盖防寒,因此,在早春栽培时,其栽培期可早于大棚。在与大棚、温室等配合使用时,可以进行短秆越冬蔬菜的栽培或冬季蔬菜育苗。

2. 小拱棚的维护

小拱棚因取材简便,材料较细小,因此,其对于风雪的抵抗力较差,在生产上应注意做好维护工作。

(1) 加强薄膜的固定

覆盖薄膜以后,应用压膜带将其固定在小拱棚两侧的木桩上,可起到增强保温和防止风害的效果。

(2) 四周用土压实

小拱棚的四周最好用土压实,防止窜风降低保温性。窜风容易引起薄膜的损坏。

(3) 注意保养

小拱棚在使用过程中容易受到污染,平时应经常进行清扫或清洗,保持棚膜清洁,增加透光性。

(4) 保管好架材

一茬种植结束后,应及时将架材收集起来并在阴凉干燥通风的地方保存好,在下一茬时再使用。防止竹片、竹杆等受潮霉变,钢筋氧化生锈,从而提高使用率。

2.3 塑料大棚

2.3.1 塑料大棚的设计

塑料大棚特别是水泥结构、钢结构的塑料大棚,一般建造后需在原地使用多年,为了方便管理,便于产品和生产资料的运输,同时也为了避免在使用过程中产生积水、受到风的危害等,对建造场地应事先进行选择和科学地规划设计。大棚的设计主要考虑以下几个问题:

1. 场地的选择与规划

建造大棚的场地要求选择地势平坦、地下水位低、排水良好、避风向阳、土壤肥沃的地块;同时要求有电力条件,灌排水、产品运输方便;在场地的东、南、西三面无高大建筑物和树群遮阴的地段;大棚抗风能力比较差,在场地选择时还应考虑该地块冬季常年的风向,避开风口,避免造成损失。

除了上述要求之外,由于大棚基地建造后一般要连续使用多年,因此,对于"三废"污染、主干道路的灰尘和尾气污染、城市垃圾污染等问题也应列入基地选择的要求,避免环境污染影响蔬菜生产,也可在基地建设上减少投入,减少损失。

2. 大棚的规格与方向

大棚的规格,南方和北方地区有较大的差异。例如,长江流域常将长30 m、跨度为6 m、顶高2.5 m的镀锌钢管大棚称为标准大棚,而竹木结构塑料大棚的跨度一般只有5 m左右。而北方地区,无论是大棚的跨度还是高度、长度比南方地区的大棚都要大。因此,在大棚规格选择时,可根据当地的生产实际、当地气候条件和当地研究情况而定。

建造冬季培育茄果类、瓜类秧苗的大棚时,应以南北向延长为好,有利于秧苗生长整齐。作为特殊栽培用时,可以考虑东西向延长的搭建方式。

3. 大棚群的规划布局

大棚群的布置原则是保证棚内的光照和通风,一般南北向的大棚,要求棚与棚东西间距2 m左右,南北间距为5 m以上。大棚群布局一般多与主路平行,棚门朝主路设置,便于管理与产品的运输(图2-13)。场地呈矩形,四周设风障,北端风障距大棚2 m远,南端风障距大棚3 m远,在风大地区,为了避免道路变成风口,大棚要错开排列。

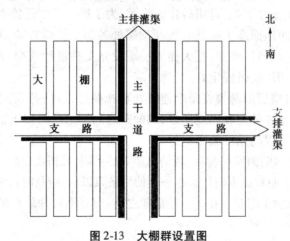

图2-13　大棚群设置图

2.3.2　塑料大棚的建造

在大棚建造时,要考虑投资的能力、种植作物的类型、经济效益、土地的规划等,更主要的是要考虑到当地的气候条件。对于有条件的、作长期蔬菜生产规划的地区,可以选择镀锌钢管大棚、增强水泥结构大棚等使用年限较长的大棚;而对于投资能力较差、临时使用的,则可考虑投资成本较低、取材方便的竹木结构大棚。在大棚建造过程中应注意以下问题:

1. 大棚的高度和跨度

大棚的高度与跨度之比称为大棚的高跨比。高跨比小,则大棚形状趋于扁平,这种大棚的挡风面积小,适宜于南方冬季不十分寒冷、夏季台风较多的地区使用;高跨比大的大棚,棚较直立,相应的挡风面积大,因此抗风能力差,但有利积雪的滑落,在冬季雪多的地区比较适用。此外,高跨比过大,则大棚内的空间大,不利于棚内温度的升高;高跨比过小,不利于排水,棚内管理也不方便。因此,一般大棚的高跨比应在0.2~0.5之间为好。

2. 拱间距

塑料大棚每排棚架之间的距离,称为拱间距。镀锌钢管大棚一般以0.6 m左右的拱间距较为适宜,竹木结构大棚以0.8 m较为适宜。

3. 塑料大棚的建造

镀锌钢管大棚可按说明书进行安装。竹木结构大棚的架材不宜过细,否则不耐用,不牢固;但也不要过粗,否则遮光过多,透光性差,影响棚内增温。

下面以竹木结构大棚为例,主要分材料的准备和搭建两步,介绍大棚的搭建过程。要准备以下材料:长1 m左右的毛竹桩、5 cm宽的毛竹片(用毛竹劈开即可)、2.5 m长的支柱、毛竹、铁丝、压膜带等。搭建时首先是在选好的地块内进行放样,以保证所搭建的大棚整齐、不错位,放样时通常用石灰打好点。竹木结构的大棚通常长25 m左右,宽5~6 m,高2.2 m左右。其次,将1 m左右的毛竹桩一半打入地下,间距为0.8 m,两侧对齐;将毛竹片用铁丝固定于毛竹桩的外侧;将两侧对应的竹片在中间用铁丝固定,固定时要求每根拱架的长度基本一致;用毛竹首尾相接,固定在拱架的中央下方形成拉杆;在拉杆的下方每隔3 m左右设立一根支柱,为了防止支柱下陷,可用砖作为垫撑;为了进一步增强竹木结构大棚的坚固性,也可在大棚骨架两侧距地面高1 m处和大棚顶端处各架一排横竹竿,并用细铁丝把每排棚架捆紧固牢,形成坚固的整体棚架;在大棚的一端设立支柱进行支撑,在另一端则装上门用于进出;盖上薄膜,并用压膜带固定好。

在覆盖新膜之前,应用旧薄膜将每个连接处包扎捆好,以防挂伤大棚薄膜,然后再将薄膜覆盖在大棚架上。落地的薄膜四周压严,拱间距之间用尼龙绳扣压紧薄膜,既防止风吹移动,又有利于排水,其保温防寒的效果更好。

竹木结构大棚的搭建,因所用材料、栽培习惯等的不同,其搭建方法有较大的差异,总体上要求实用、坚固、管理方便和成本较低。在一茬使用结束以后,应及时将毛竹片收藏好,放在通风干燥的地方保存,以防止霉变。在下一茬搭建之前,应将毛竹片放在清水中浸泡2~3 d,使其恢复弹性,防止折断。

2.3.3 大棚的应用

塑料大棚是目前生产应用较多的园艺设施之一,在生产上用于栽培的方法和栽培的作物种类很多。例如,用于早春早熟栽培蔬菜、花卉的冬季育苗;用于喜温蔬菜、半耐寒蔬菜的春提前和秋延后栽培,以及果树的促成栽培;用于食用菌的栽培;用做花卉的越冬设备。在北方可以代替日光温室大面积播种草花,冬插落叶花卉,以及秋延后栽培菊花等。在南方则可用来生产切花,或供亚热带花卉越冬使用。塑料大棚骨架坚固耐用,使用寿命长,棚体大,保温性能好;隆冬季节可在棚内增加保温或加温设施,人可在棚内操作管理,人为地调节环境条件。

2.3.4 大棚的日常维护

大棚的日常维护工作主要有以下几方面：
① 排水：注意大棚四周的排水沟是否畅通，如有堵塞应及时疏通，防止积水。
② 修补：如发现大棚膜有损坏时应及时进行修补，以防伤口越来越大，影响保温效果。
③ 清洗：如棚膜表面积累太多灰尘时会严重影响透光性，可选择晴天用高压枪进行冲洗。
④ 日常检查：应经常对大棚的结构、压膜带、大棚门等进行检查，如发现骨架螺丝松动时应及时进行固定；压膜带由于热胀冷缩的关系经常变松，也应及时收紧；人进出大棚时应检查大门是否密闭，如有缝隙应及时进行处理，以提高大棚的保温性能。

2.4 连栋塑料拱棚

2.4.1 连栋塑料拱棚的应用

连栋塑料拱棚其保温性能好，拱棚内的气候条件相对较为稳定；土地的利用率高；棚内空间较大，可以安装各种先进的设备。因此，在南北各地被广泛用于蔬菜、花卉和果树种苗的生产，蔬菜和花卉的越冬栽培、越夏栽培等，蔬菜和花卉的制留种等。

2.4.2 连栋塑料拱棚的维护

连栋塑料拱棚因其棚体大，塑料薄膜的安装和更换成本较高，并且安装一次要求能使用多年。因此，在实际应用与维护时主要考虑选择耐老化、高保温、高强度的塑料薄膜，在延长塑料薄膜使用时间的同时，保证薄膜具有良好的透光性，改善连栋塑料大棚的环境条件，保证作物正常生长。其次，连栋塑料大棚抗雪的能力和抗台风的能力相对较差。在多雪地区要及时做好除雪工作，可以用人工扫雪、喷水化雪和撒盐等方法。在南方台风较多的地区则应做好防风工作。例如，在台风来临之前及时加固压膜带、关闭大门和通风口，采取覆盖尼龙网、加固薄膜等措施，均可起到良好的防台风作用。

2.5 塑料日光温室

2.5.1 塑料日光温室的应用

日光温室是我国北方地区主要的保护设施,可以用来育苗、秋延后栽培、喜温类蔬菜的越冬栽培、制种和留种等,已成为北方地区冬季主要的生产方式,为全国冬季的蔬菜供应作出了很大的贡献。

2.5.2 塑料日光温室的维护

日光温室的维护主要体现在以下几个方面:对墙体进行检查,防止产生裂缝而降低保温效果;对墙体覆盖的塑料薄膜等进行检查,防止墙体受潮而降低保温效果;检查门、窗等是否覆盖严密,防止窜风而降低保温作用;及时清除积雪,防止压塌棚体,同时能增加日光温室的采光量;注意选用保温性好的覆盖材料,同时加强覆盖的严密性和防潮,提高日光温室夜间温度;定时清扫采光面和清除内面的水滴,提高透光性;防止薄膜破损,对伤口处及时修复等,都是塑料日光温室维护中应该注意的问题。

本章小结

本章主要介绍了塑料小拱棚、塑料中棚、塑料大棚、连栋塑料拱棚和塑料日光温室的结构、类型,塑料大棚的建设与规划设计,以及塑料拱棚在生产中的应用。要求学生掌握简易塑料拱棚的建造方法,了解拱棚群建造时的场地规划与设计,通过正确的日常维护措施来提高塑料拱棚的生产效益,为今后在生产上利用塑料拱棚奠定基础。

复习思考

1. 小拱棚在应用时要注意哪些问题?
2. 塑料大棚有哪些类型?其主要结构有哪些?
3. 如何进行大棚场地的选择?
4. 如何布局和建造大棚群?
5. 塑料拱棚在日常使用与维护中应注意哪些问题?

第3章 温室

本章导读

本章主要介绍了塑料日光温室和玻璃温室的类型、结构及规划设计要求等,同时还介绍了温室的辅助设施、设备的功能及相应的配置要求。通过本章的学习,要求学生掌握温室的基本结构、相应的辅助设施、设备的功能,对我国的日光温室有一个初步的认识和了解,为以后深入学习研究打基础。

中国温室的发展史可追溯到2 000年前秦汉时代的西安"暖窖",以后明清时代北京的"火室"和"暖洞子"、民国时期北京日光(玻璃)温室、新中国成立后20世纪50年代至60年代大面积推广的北京改良式(玻璃)温室和天津三折式(玻璃)温室等,一直发展到20世纪80年代末至90年代的高效节能日光温室。目前,这种高效节能日光温室已在北方地区迅速大规模推广普及,对解决我国北方地区长期冬春蔬菜短缺、实现蔬菜供需基本平衡作出了突出贡献,反应了以节能技术为核心的、适合我国具体国情的高效节能日光温室的活力。同时,20世纪80年代至90年代引进并逐渐国产化的现代大型温室也逐渐发展起来。

我国温室的发展经历从简易的火坑到纸窗温室再到今日的玻璃及塑料温室;从利用太阳能、温泉水到今日的太阳能和人工加温并用;从传统的单屋面温室发展到今日的双屋面和拱圆形温室。随着社会发展和科技进步,逐渐实现从简单到完善、从低级到高级、从小型到大型、从单栋到连栋,直至今日的现代智能温室和植物工厂,可进行全天候园艺植物的生产。日光温室发展到今天,已由生产各种反季节蔬菜的生产设施,发展为日光温室园艺设施,进而发展为设施农业,已成为种植业、养殖业和水产业全面发展的新兴产业。据统计,全国节能日光温室面积到2002年底已达50.7万公顷。

3.1 日光温室

日光温室是一种以太阳能为主要热能来源的温室类型,是淮河以北地区主要的保护地设施。日光温室以单屋面结构为主,东、西和北三面是护围墙体,一般屋脊高度在2 m以上,跨度为6~10 m。按照其结构和保温性能的差异可分为两类:一类是在严冬季节只能进行耐寒性园艺作物的生产,称为普通日光温室或春用型日光温室。另一类是在北纬40°以南地区,冬季不加温可生产喜温蔬菜;北纬40°以北地区冬季可生产耐寒性的叶菜类蔬菜,生产喜温蔬菜仍需要加温,但是比起加温温室可节省较多的燃料,这类温室称之为改良日光温室,也叫节能型日光温室或冬暖型日光温室。

近年来,由于前屋面的覆盖材料也由原来的玻璃覆盖转为以高保温的塑料薄膜为主,因此,各地建造的日光温室形式很多。按其结构主要分为长后坡矮后墙塑料日光温室、短后坡高后墙塑料日光温室和无后墙塑料日光温室等(图3-1~3-4)。按建筑材料和前屋面的类型,可分为木桁架悬梁吊柱式塑料日光温室、无前柱钢竹混合结构塑料日光温室、琴弦式塑料日光温室、微拱式塑料日光温室、圆拱式塑料日光温室、钢丝绳桁架塑料日光温室、全钢拱架塑料日光温室、装配式拱圆塑料日光温室等。

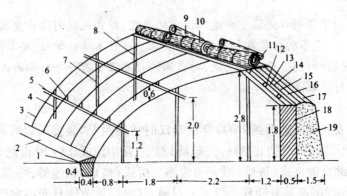

1:防寒沟 2:黏土层 3:拱杆 4:前柱 5:横梁 6:吊柱 7:腰柱 8:中柱
9:纸被 10:草苫 11:柁 12:檩 13:箔 14:扬脚泥 15:细碎草 16:粗碎草
17:秫秸 18:后墙 19:防寒土(张振武,1999)

图3-1 短后坡高后墙日光温室(单位:m)

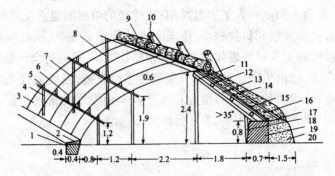

1:防寒沟 2:黏土层 3:竹拱杆 4:前柱 5:横梁 6:吊柱 7:腰柱 8:中柱
9:草苫 10:纸被 11:柁 12:檩 13:箔 14:扬脚泥 15:碎草 16:草
17:整捆秫秸或稻草 18:后柱 19:后墙 20:防寒土(张振武,1999)

图3-2 长后坡矮后墙日光温室(单位:m)

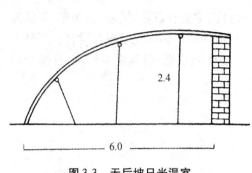
图 3-3 无后坡日光温室

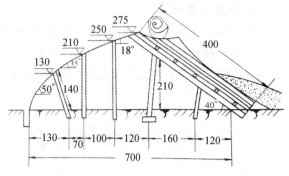
图 3-4 长后坡无后墙日光温室

3.1.1 日光温室的基本结构

日光温室主要由墙体、后屋面、前屋面、立柱以及保温覆盖物等几部分构成。

1. 墙体

墙体分为后墙(北墙)和东、西山墙,主要由土、草泥以及砖石等组成。一些玻璃温室以及硬质塑料板材温室也采用玻璃墙或塑料板墙。土墙通常做成上窄下宽的"梯形墙",一般基部宽 1.2~1.5 m,顶宽 1~1.2 m。砖石墙一般建成"夹心墙"或"空心墙",宽 0.8 m 左右,内填蛭石、珍珠岩、炉渣等保温材料。后墙高 1.5~3 m;山墙前高 1 m 左右,后高同后墙,脊高 2.5~3.8 m。

2. 后屋面

普通温室的后屋面主要由粗木、秸秆、草泥以及防潮薄膜等组成。砖石结构的后屋面多由钢筋水泥预制柱或钢架、泡沫板、水泥板和保温材料等构成。

3. 前屋面

前屋面由屋架和透明覆盖物组成。

(1) 屋架

屋架分为半拱圆形和斜面形两种基本形状。竹竿、钢管及硬质塑料管、圆钢等建材多加工成半拱圆形屋架,角钢、槽钢等建材则多加工成斜面形屋架。

(2) 透明覆盖物

使用材料主要有塑料薄膜、玻璃和聚酯板材等。其中塑料薄膜因其质量轻,成本低,易于操作,并且薄膜的种类较多,选择余地也较大等,而成为目前主要的透明覆盖材料。

玻璃的使用寿命长,保温性能较好,但费用较高,并且自身重量大,对温室的骨架材料要求较高,目前使用相对较少。聚酯板材的比重轻、保温好、透光率高、使用寿命长,一般可连续使用 10 年以上,在国际上已成发展趋势。

4. 立柱

普通温室内一般有 3~4 排立柱。立柱主要为水泥预制柱,横截面规格为 (10~15) cm × (10~15) cm。一般深埋 40~50 cm,钢架结构温室以及管材结构温室内一般不设立柱。

5. 保温覆盖物

保温覆盖物的主要作用是在低温期保持室内的温度,主要有草苫、纸被、无纺布、宽幅薄膜以及保温被等。其中草苫的成本低,保温性好,是目前使用最多的保温覆盖材料。纸被多用牛皮纸缝合而成。保温被虽然保温性能好,且便于操作和管理,但其成本较高,有待今后进一步推广。

3.1.2 日光温室的结构参数

1. 跨度

跨度指自温室北墙内侧到南侧透明屋面前底脚之间的距离,一般为 6~8 m。若生产喜温的园艺作物,北纬 40°~41°以北地区跨度以 6~7 m 最为适宜,北纬 40°以南地区可适当加宽。

2. 温室的高度

温室的高度指日光温室屋脊至地面的垂直高度。日光温室高度直接影响前屋面的角度和温室空间的大小。对于跨度相等的温室,降低高度会减小前屋面的角度和温室的空间,不利于采光和蔬菜生长发育;增加高度会增加前屋面的角度和温室的空间,有利于温室采光和作物生长发育。一般认为,6~7 m 跨度的日光温室,在北纬 40°以北地区,若生产喜温作物,高度以 2.8~3.0 m 为宜;北纬 40°以南地区,高度以 3.0~3.2 m 为宜。若跨度大于 7 m,高度也应相应增加。

3. 长度

温室的长度应根据地形和所规划的地块面积、便于管理和降低造价等条件来决定,一般以 50~80 m 为好。

4. 前、后屋面的角度

前屋面的角度是指温室前屋面的底部与地平面的夹角,前屋面角的大小决定太阳光线照到温室透光面的入射角,而入射角又决定太阳光线进入温室的透光率。入射角愈大,透光率就愈小,一般为 20°~30°。后屋面的角度是指温室后屋面与后墙顶部水平线的夹角。后屋面角以大于当地冬至正午时刻太阳高度角 5°~8°为宜。例如,北纬 40°地区,冬至太阳高度角为 26.5°,后屋面仰角应为 31.5°~33.5°。

5. 厚度

温室的厚度是指墙体(山墙和后墙)的厚度和后屋面的厚度。厚度越大保温性能越好,一般以 0.8~1 m 为宜;北纬 40°左右的地区,以 1~1.5 m 为宜。

6. 前后坡宽度比

用前后坡的投影比衡量,长后坡式为 2∶1,短后坡式为(4~5)∶1。

7. 防寒沟

在温室外沿挖深、宽各 40 cm 的浅沟,在沟内填满麦秸、碎草、牛粪等进行保温。

8. 通风口

通风口分上、下两排,上排设在屋脊处,下排设在距地面 1 m 处(图 3-5)。

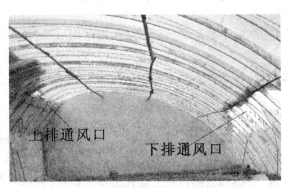

图 3-5　水泥拱架日光温室通风口

9. 温室的方位角

确定方位角应以太阳光最大限度地射入温室为原则,以面向正南为宜。但由于作物上午光合作用最强,采取南偏东方位角是有利的,但因在严寒季节揭开草帘过早对保温不利,所以南偏东方位角只宜在北纬39°以南地区采用;北纬40°地区可采用正南方位角;北纬41°以北地区应采用南偏西方位角。

3.1.3　日光温室的建造

1. 场地的选择和规划

① 选择避风向阳的地块,有利于温室保温和采光。在日光温室南侧,没有树木、山峰、高大建筑物遮阴。

② 选择地势较高、土质肥沃、排水良好、地下水位低又有足够水源的地方,保证温室用水和排水。所以温室应建在地势高而干燥,富含有机质的黏壤土、壤土或沙壤土地块。

③ 选择交通方便的地块,以便于运输和管理。

④ 最好避开污染地区,以免有害气候、烟尘等的危害。

⑤ 充分利用已有的水源和电源:日光温室最好建在已有水源和电源的地块上,以便灌溉、照明等。尽量避免重新打井和架设输电线路,以减少投资。

⑥ 利用有利地形:在丘陵山区的向阳坡、高大堤坝的南侧,建造日光温室,既可提高土地利用率,又具有优越的采光、保温性能,节省投资。

⑦ 在田间规划温室群:要统一规划确定方位和每排温室的距离,尽量使温室跨度相同,造型一致,统一设置及修筑道路和通电线路。

⑧ 前后排温室间的距离:应以冬至太阳高度角最小时,前栋温室不遮蔽后栋温室的太阳光为标准,纬度愈高的地区,冬至太阳高度角愈小,前后排温室的距离愈要加大。确定前后温室之间的距离,主要考虑温室的高度,即温室脊高加卷起草苫后高度的2倍再增加1 m。例如,当地冬至太阳高度角为30°,温室脊高为2.8 m,卷起草苫后高度为3.3 m,则两栋间距离为7.6 m。

2. 日光温室的建造

日光温室的建造应根据设计要求选定场地和备料,然后按下列顺序施工。

(1) 平整地面、放线

先确定好温室的方位，然后平整地面，钉桩放线，确定出后墙和山墙的位置。

(2) 砌墙

砌墙分砖墙和土墙两种，应视投入成本而定。砖墙可砌成空心墙，内填炉灰渣、锯末、珍珠岩等保温材料。

(3) 立屋架

土木结构温室，后屋面骨架由立柱、柁、檩构成。前屋面由立柱、横梁、竹片或竹竿（拱杆）构成。一般每3 m设一立柱，在立柱上安柁，柁头伸出中柱前20 cm，柁尾担在后墙顶的中部。柁面找平后上脊檩、中檩和后檩。在上面扎上植物秸秆，再抹草泥，可加厚点，再盖植物秸秆。

(4) 覆盖薄膜

要选无风的天气进行覆盖薄膜，薄膜的长度应超过东西山墙外1 m以上，宽度超过前屋面0.5～1.0 m。固定好薄膜后，可在各拱杆间固定压膜线，压膜线必须压紧，才能保证大风天气薄膜不受损坏。对于斜面式温室覆盖薄膜不用压膜线，在薄膜上用直径为1.5 cm的细竹竿做压杆，同薄膜下的拱杆相对应，用细铁丝穿过薄膜拧在拱杆上，屋顶和前底脚处的薄膜埋入土中，东西墙外用木条卷起，用铁丝拧在8号铁丝上。

(5) 培防寒土和挖防寒沟

覆盖薄膜以后，在北纬40°以北地区，需要在后墙外培土，培土厚度相当于当地冻土层厚度，从基部培到墙顶以上。在前底脚外挖40 cm宽、40～50 cm深的防寒沟，沟内填满草，上面覆盖黏土踩紧，高出地面，向南有一定坡度，以免漏进雨水。

(6) 建作业间

50～60 m长的温室，在东西山墙外靠近道路的一侧建作业间；温室长度超过100 m的可把作业间建在中间，变成东西两栋温室。作业间宽2.5～3.0 m，跨度为4 m，高度以不遮蔽温室阳光为原则。

3.2 玻璃温室

玻璃温室是以全年创造适于植物生长发育的环境为目的，其外面全部或大部分镶上玻璃进行栽培作物的建筑物。为了调节温度，温室内部有加温、降温和换气等设备。

3.2.1 玻璃温室的分类

大多数玻璃温室是横断面简易而纵长的建筑物，根据其横断面的形状不同，可分为一斜一折型、一斜一立型、单坡屋顶型、四分之三型、双坡屋顶型、象棋子型、连结型（或称连栋型）、圆屋顶型等（图3-6）。

按屋架材料划分，可以分为木结构温室、半钢结构温室、钢结构温室、轻合金温室等。

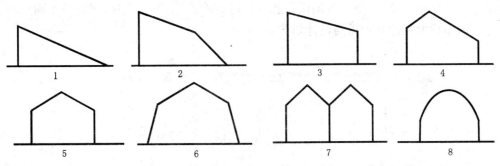

1：单坡屋顶型　2：一斜一折型　3：一斜一立型　4：四分之三型
5：双坡屋顶型　4：象棋子型　7：连栋型　8：圆屋顶型

图3-6　玻璃温室屋顶型式图

按栽培作物划分,可以分为果树温室、蔬菜温室、花卉温室和繁殖专用温室等。

按使用的目的划分,可以分为趣味娱乐温室、标本温室、生产性盈利温室和销售温室等。

3.2.2　玻璃温室的设计

玻璃温室的设计是一项较复杂的工程,应由专业温室设计人员进行设计,其设计图纸大致包涵以下几方面的内容:

建筑设计图包括地形图(1/3 000,包括附近道路、建筑物、河流等)、总平面图(1/200～1/500,温室建筑用地及建筑物的布置平面图)、平面图(1/100～1/200,出入口、墙壁、隔墙等)、立面图(两面以上)、剖面图、详图(1/20)等。

结构包括基础平面图(1/100～1/200)、屋顶平面图(1/100～1/200)、轴线(柱网)图(1/100～1/200)等,还有剖面明细单(1/30～1/40)、基础详图(1/20～1/30)、构架详图(1/20)等。

其他有关图表应包括概算书、面积计算表、施工和竣工报告等。

3.3　温室内部设备

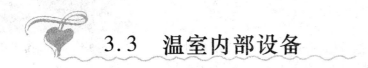

为了栽培、运输以及日常管理植物的便利,温室内部建筑需配备一些必要的设备。简介如下:

3.3.1　通路

温室的通路设计与人进出温室的大门位置有密切的关系,可分为主路和支路。一般主路宽2～3 m,支路宽80～100 cm。另外,特殊用途的温室其通路的设计应根据实际使用要求而定。例如,展览温室分为两种:小型的宽120～140 cm,大型的宽150～200 cm。通路的设计要求：一要便于通行,便于劳动操作和产品的运输;二要节省土地,提高设施内土地的利用率。温室内常见的几种道路设计如图3-7所示。

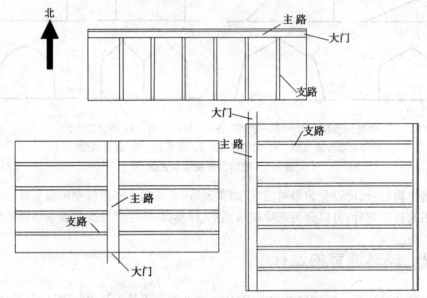

图3-7　温室内常见的几种道路设计示意图

3.3.2　台架

台架主要用于摆放花盆、育苗盘等,可提高设施的利用率,作物群体分布更加均匀合理。台架有木制台架、钢筋混凝土台架和可移动钢结构苗床(图3-8)等,可根据投资能力和经济实用的原则进行选择。

图3-8　可移动钢结构苗床

3.3.3　水池

温室内的水池,根据用途可以分为以下几种:

① 灌溉水池　贮水用于温室灌溉,为了增加贮水量,一般建造较深。

② 水生蔬菜水池　用于栽培水生作物,根据水生作物的种类不同来确定水池的深浅。

③ 无土栽培水池　无土栽培用水池可分为贮液池和栽培池两种。贮液池主要用于贮存营养液;栽培池特别是深水栽培池,主要用于作物的栽培。

3.3.4　繁殖床

为在温室内进行扦插、播种和培育幼苗而建的繁殖床,一般采用钢筋混凝土结构。常见

的繁殖床有三种:

① 扦插床　扦插床有常温式和加底温式两种,主要用于蔬菜、花卉和果树枝条的扦插生根。

② 播种床　床底和床壁为厚 6 cm 的钢筋混凝土结构,可建成常温式和加底温式两种。

③ 幼苗培育床

幼苗培育床是为培育壮苗而建筑的。

3.3.5　喷雾装置

喷雾装置是现代化温室的重要组成部分,其作用是喷雾灌溉,有固定式喷雾装置(图 3-9)和可移动式喷雾装置(图 3-10)两种。

图 3-9　固定式喷雾装置

图 3-10　可移动式喷雾装置

3.3.6　弥雾降温系统

弥雾降温系统也是一种蒸发降温系统,是湿帘风机降温系统的一种替代方案。在高压 6.9 MPa(1 000 psi)下,水被雾化为直径小于 40 μm 的细雾,温室一侧墙上安装进风机,经雾化的细雾由风机引入喷施到室内的高温空气,随着雾粒的蒸发,空气得到冷却。沿温室长度方向再布置第 2 组雾化喷头,在进风口冷却空气向排风口运动的过程中,由第 2 组喷头喷出的细雾将继续冷却空气,以弥补由于空气沿温室长度方向运动而引起的升温。排风机风速按温室地表面积计算为 1.2~1.5 $m^3 \cdot min/m^2$。在自然通风温室或机械通风温室中,弥雾降温系统也可以应用。弥雾降温系统的最大降温能力可降到室内湿球温度,但要保证高压喷头(图 3-11)不被堵塞,因此,水质非常重要。该系统由于要配置高压水泵和高压管路,安装费用较高。此外,要控制好喷雾质量,如果系统运行造成温室内湿度过高会造成穴盘苗徒长。

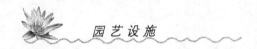

图 3-11　高压雾化喷头

3.3.7　湿帘风机系统

利用蒸发降温原理,依靠大量空气运动,来给温室降温。这种系统在温室的一侧墙上安装纸质湿帘,水在湿帘上循环,在湿帘对面的墙上安装排风机(图 3-12)。空气进入湿帘后被冷却进入温室,再被排风机排出室外。蒸发降温可以将温度降低到湿球温度(蒸发降温所能达到的最低温度)以上 1.6 ℃ ~1.7 ℃,但降温的效果受室外空气湿度和相对湿度影响较大,且这种系统的降温能力还取决于温室宽度、湿帘表面积和气流速度。湿帘风机降温系统要比任何自然通风系统昂贵。常见的湿帘风机降温系统的组成部分如图 3-13 所示。

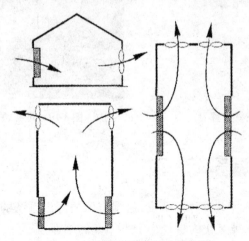

图 3-12　湿帘与风机安装示意图

图 3-13　湿帘(墙)、湿帘水过滤器和风机

3.3.7 光照设备和遮光设备

光照设备是在冬季或阴雨天光照不足时进行补充光照,促进作物生长,或延长光照时间,促进其生理反应的措施。遮光设备则是主要用于春、夏、秋季遮光降温或冬季多层覆盖保温的一项措施。

世界上很多温室生产区,冬季生产光照强度几乎都低于大部分育苗作物的最佳光照要求(小于 16 140 lx)。补充光照可以增加光合速率,促进作物生长。高强度放电灯(HID)是当今育苗温室中最受青睐的灯,其中高压钠灯(HPS)是全世界范围内普遍采用的。HPS 灯光照效率高,能将输入电能的 25% 转变为可见光。这类灯常用的规格为 400 W 和 1 000 W,使用寿命为 24 000 h。

灯的安装高度及其间距由灯具生产商根据要求的光照强度和温室配备来决定。400 W 灯具使用最为普遍,因为基于普遍温室的高度,400 W 光照分布最均匀(在作物层高度光照强度为 4 300 lx),只有在比较高的温室中才能使用 1 000 W。

穴盘苗生产进行人工补光时,总光照时间的延长,要求为 16～18 h,其中包括自然光照时间加上补光灯照明时间。植物对补充光照的反应在幼苗期间最大,第一片真叶时最强烈,随时间反应的延长逐渐减弱。对光照最敏感的作物包括天竺葵、矮牵牛、非洲凤仙、长春花和秋海棠。使用 HPS 灯的最大好处是冬季生产穴盘苗可以缩短生产周期,能够更好地控制生长。许多作物对光照时间的反应表现为影响开花或影响营养生长,植物对光照的这种反应叫做"光周期"。根据植物对光周期的反应,可将植物划分为三类:短日照或长夜植物、长日照或短夜植物、中性植物。要控制短日照植物的光周期,温室需要安装遮光幕(不透光),人为创造短日照或长黑夜。根据不同作物品种和种植季节,这种遮光要求延续数天或数周。要控制长日照作物的光周期,温室必须配置白炽灯或 HID 灯来延长日照时间。如用白炽灯,至少应保证 108 lx 的光照。这种补光标准可按菊花补光标准(一种为多数种植者所接受的补光标准)来设置,即选用 60 W 灯泡,布置间距为 1.2 m,安装高度离栽培床床面不得高于 1.5 m,从晚上 10 时开启,到夜间 2 时关闭,保持 4 h 补充光照时间。图 3-14 为温室内补光常用的灯具。

图 3-14 温室内补光常用灯具

3.4 温室外部主要设备

3.4.1 工具房和准备室

工具房和准备室的主要作用：一是存放生产资料和机械设备，如播种机械、基质搅拌机械、发电机组等；二是劳动操作用，为劳动提供良好的环境，提高工作效率。

3.4.2 道路

一般分为主干道和次干道。主干道多分布在温室群的中心，连接到温室群外的主干道路，便于产品的运输和生产资料的运输。次干道则多与主干道垂直，将温室群分成若干区域，便于劳动操作和实行分区种植、分区管理。

3.4.3 排灌系统

排灌系统分主排灌沟、次排灌沟和温室之间的支排水沟。主排灌沟通常沿着主干道，次排灌沟则沿着次干道，彼此相互沟通。主排灌沟和次排灌沟通常要求能起到旱时灌水、涝时排水的双重作用，因此要求深度和宽度较大，确保雨水多的季节能及时排水，防止积水。加深主、次排水沟的深度，还有利于降低整个大棚群的地下水位，有利于作物根系的生长发育。

灌水时灌溉水的走向：主排灌沟到次排灌沟，再利用水泵或人力到田间。排水时灌溉水的走向：田间的水到支排灌沟，再到次排灌沟，再到主排灌沟，最后排出温室群。图3-15所示为水泥预制排水沟。

图3-15 水泥预制排水沟

3.5 温室应用

温室因为投资较大，生产管理成本高，因此在生产上主要用于园艺作物的反季节栽培、园艺种苗的培育和高档花卉、水果、蔬菜的生产。例如，温室用于冬春季栽培喜温的果菜类，供应春节市场，提高效益。南方地区利用温室生产春节市场所需的鲜花，也是一个很好的茬口。再如,温室用于培育各类园艺种苗,进行种子生产等。

此外,温室是休闲、观光农业生态园的重要组成部分之一,可充分展示现代农业科技。温室可用于大型的农业展示活动、园艺产品的现场销售。在科研院所和农业院校,温室也是农业科研活动的主要设施之一。

3.6 温室管理要点

① 保证其持续发展性　温室建设投资较高,要不断提高管理水平,充分发挥其优越性,为科研成果展示、科技示范和科研活动等提供保障。

② 提高经济效益　通过引进新品种、新技术、科研项目等,提高温室的经济效益。

③ 合理运作降低风险　通过科学规划、合理管理来降低运作成本,降低运行风险。

④ 合理维护　加强对设备的日常维护,提高设备的运行效率,减少设备的浪费,提高生产效益。

 本章小结

本章主要介绍了日光温室和玻璃温室的类型、结构和温室的辅助设施、设备,希望通过学习使学生对日光温室、玻璃温室的结构有一个初步的认识和概念,对于温室内常用辅助设施、设备的性能和特点有所掌握,为今后进一步学习、研究日光温室,在生产上正确选择和应用相关的设施、设备奠定基础。

 复习思考

1. 塑料日光温室主要由哪几部分组成?
2. 普通日光温室与节能型日光温室的区别在哪里?
3. 如何进行温室场址的选择?
4. 温室群排灌沟的大小、深度应如何合理安排?

第 4 章 工厂化育苗

本章导读

工厂化育苗已成为蔬菜和花卉标准化、规模化生产的重要手段，也是园艺种苗产业化经营的必然选择。本章提及工厂化育苗的工艺过程，主要介绍了工厂化育苗的主要设施和设备。通过学习要求掌握主要设施和设备的性能、特点以及要求，为今后学习具体育苗技术奠定基础。

工厂化育苗是以穴盘和现代化温室为基础的先进的育苗技术，是 20 世纪 70 年代国际上发展起来的一项新的育苗技术，主要用于蔬菜、花卉育苗，也可用于烟叶、林木等作物育苗。其特点如下：① 生产效率高，与人工育苗相比，劳动生产率提高 5~7 倍，能耗节约 2/3，因此适应于大规模、商品化生产幼苗；② 节省种子，每穴精播 1 粒种子；③ 护根性好，根系完整，每株幼苗都带有一定的基质，有利于缓苗；④ 采用轻基质混合物填入空穴中，实现了搬运和移栽的机械化作业；⑤ 在人工控制温度、光照和水肥的条件中育苗，秧苗生长整齐健壮，避免了自然气候环境的影响，能有效防治病虫害。

工厂化育苗的设备主要包括：① 轻基质的破碎和筛选设备；② 轻基质搅拌混合设备；③ 轻基质的提升设备；④ 精量播种生产线设备（其中包括：轻基质充填、刷平、压穴、精量播种、覆料、刷平）；⑤ 穴盘喷水设备；⑥ 穴盘的运送设备；⑦ 种子丸粒设备；⑧ 催芽室的加温、补光和增湿设备。

工厂化育苗的工艺过程主要包括：基质破碎→筛选→混合→装盘→刷平→压穴→精量播种→覆料→刷平→淋水→催芽室→绿化室→培育设施→成品苗装箱→销售。

第4章 工厂化育苗

4.1 工厂化育苗设施

4.1.1 基质处理车间

基质处理车间（图4-1）主要用于基质的存放、混合、搅拌和消毒等作业。要求车间宽敞、防雨和通风，既要便于运输和机械作业，又要防止基质受雨淋而变质或受污染。

图4-1　基质处理车间

图4-2　精量播种车间

4.1.2 精量播种车间

精量播种生产线装置的主要设备都安排在这个车间，混合、消毒好的基质运输到此进行装盘。此外，还要存放一定数量的穴盘、育苗架，对播种好的穴盘进行喷淋等。因此，要求车间有一定的空间安装机械，有水源便于喷水，有较宽的通道便于运输穴盘和育苗架，同时车间要有良好的通风结构，便于水汽的扩散（图4-2）。

4.1.3 催芽室

催芽室的大小应根据育苗生产规模而定，可以新建专用的催芽室，也可用旧房改造而成。此外为了节省生产成本可以考虑将催芽室一分为二，苗数量多时两个同时启用，苗数量少时只用其中一个。

催芽室是为种子催芽而建，因此必须具备相应的功能，也即自动调节温度、有相应的光照设备和喷雾装置。保证种子发芽对温度、湿度和光照的需求。

恒温催芽室是一种能自动控制温度的育苗催芽设施。利用恒温催芽室催芽，温度易于调节，催芽数量大，出芽整齐一致。标准的恒温催芽室是具有良好隔热、保温性能的箱体，内设加温装置和摆放育苗穴盘的层架。催牙室的基本结构见图4-3。

(a) 催芽室外貌

(b) 催芽内部结构

(c) 催芽用的穴盘育苗架

图4-3 催牙室的基本结构

4.1.4 绿化、驯化、幼苗培育设施

种子发芽后,要立即放在有光并能保持一定温、湿度条件的保护设施内,幼芽就能变成绿色(称为绿化)。否则,幼芽会黄化,影响幼苗的生长和质量。穴盘育苗时,种子是在发芽室内催芽,幼芽出土后就要立即移到绿化设施内使其见光。营养土块、营养钵育苗时,缺乏活力的土块或营养钵就要摆放在光照、温度和湿度条件都很好的设施内,此设施既是绿化室,也是幼苗培育设施。穴盘、营养钵培育的嫁接苗或试管培育的试管苗移出试管后,都要经过一段驯化过程,即促进嫁接伤口愈合或使试管苗适应环境的过程。因此,蔬菜工厂化育苗一般要求性能良好、环境条件能够调控的玻璃温室或加温塑料大棚。规模化育苗或经济实力较差的情况下,亦可采用结构性能较好的日光温室,但要配备加温或补温设备,以防极端条件的出现。为防地温过低,亦可在温室内铺设电热温床来提高地温。图4-4所示为幼苗培养设施。

图4-4 幼苗培养设施

4.1.5 组织培养室

组织培养室是试管育苗法的必备设施。将植物组织、幼苗或幼芽,经消毒、分(剥)离,在无菌条件下(超净工作台)移至装有培养基的试管或三角瓶中,放进组织培养室内培养。组织培养室条件要求较高,要能控制温度。为充分利用空间,培养室内要制作摆放试管或三角瓶的层架。每一层架都安装补光的日光灯管(自然光照条件较好时可少安装一些)。

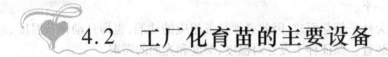

4.2 工厂化育苗的主要设备

4.2.1 种子丸粒化机

用于工厂化育苗的种子是否为高质量的种子,应从以下几个方面来衡量:① 种子的外

形是否适于精播机械；② 适宜条件下发芽率的高低；③ 适宜条件下发芽快慢及整齐度；④ 不适条件下发芽快慢及整齐度；⑤ 出芽及幼株发育状况；⑥ 无病虫害。

蔬菜种子丸粒化是一项综合性的新技术，是利用有利于种子萌发的药品、肥料及对种子无副作用的辅助填料，经过充分搅拌之后，均匀地包裹在种子表面，经过一定的加工工艺后，使种子成为圆球形，以利于机械的精量播种。制成的种子丸粒，具有一定的强度，在运输、播种过程中不会轻易破碎，播种后有利于种子吸水、萌发和增强对不良环境的抵抗能力。

1. 丸粒的原料组成

（1）填料

蔬菜种子丸粒化中常用的填料是硅藻、蛭石粉、滑石粉、膨胀土、炉渣灰等。填料的粒径一般为35～70筛目，粒径大的粗粒在丸粒的内层，粒径小的细粒在丸粒的外层，使丸粒表面更光滑，具有一定的通透性。

（2）营养元素

填料中常常加入一定数量的磷矿粉、碳酸钙等钙镁磷肥，以及铁、铜、锌、硼、钼等微量元素。这些营养元素在播种后溶解于水，均匀地分布在种子周围的土壤中，有利于调节和促进蔬菜幼苗的生长发育。

（3）生长调节剂

在填料中加入生长调节物质，可以促进种子萌发和成苗。例如，较高的土壤温度会诱导莴苣、芹菜种子进入休眠，而在填料中适当加入赤霉素、细胞分裂素及乙烯利，则具有解除热休眠的效果，提高出苗率。

（4）化学药剂

在填料中加入杀菌剂、杀虫剂、除草剂等农药，当丸粒化的种子播到土壤之后使其遇到水溶解，农药便保存在根际周围土壤中，可以有效地控制种子所带的病菌及土传病害或杂草、虫害的滋生。这种用药方法对人畜安全，经济有效。

（5）吸水性材料

填料中加入吸水剂，可以使土壤中水分快速吸引到种子周围，使种子获得足够的水分而顺利萌发，能显著地提高出苗率。目前，生产中选用的吸水剂有活性炭及淀粉链连接的多聚物。

（6）黏结剂

在种子丸粒化加工过程中，必须加入黏结剂使填料黏结成小球状。目前常用的黏结剂有阿拉伯胶、树胶、乳胶、羟甲基纤维、醋酸乙烯共聚物以及糖类等，有人工合成的，也有农副产品加工提炼的。无论哪种黏结剂，都必须具备良好的水溶性，对种子萌发无副作用，既能保证丸粒外壳的强度，又能使其遇水后迅速破裂或分解。

2. 种子丸粒的制作方法

制备丸粒化种子，小批量生产采用手工喷黏结剂在箩筐内滚搓成粒的方式，大批量生产要利用种子丸粒化机械来完成。国外目前常用的有两种丸粒加工方法：

（1）转动成粒法

这种方法是将筛选过的种子直接放进一个倾斜的圆锅中，锅转动时，种子在锅内滚动，操作人员交替向种子上喷洒填料物和黏结剂，使种子表面均匀地粘住填料。随着圆锅的不断滚动,丸粒不断加大,并形成光滑的表面,这种方法设备简单,但效率偏低。

(2) 飘流成粒法

它是通过气流作用,使种子在成粒筒中散开,处于飘浮状态,填料和黏结剂也随着气流喷入成粒筒内,粉粒便吸附在飘浮的种子颗粒表面。种子在气流的作用下不停地动,并相互挤撞、磨擦,种子表面被黏附的填料粉剂压实并呈圆球状。这种方法效率较高,但设备结构复杂,应用难度较大。

4.2.2 基质消毒机

为防止育苗基质中带有致病微生物或线虫等,最好将基质消毒后再用。国外育苗基质的专业生产公司都是将基质消毒后装袋出售。国内还很少有基质专业生产厂家,使用的基质一般均自己配制。如果选用新挖出的草炭或刚刚烧制出炉的蛭石,可以不再消毒,直接混合使用。如果掺有其他有机肥或来源不卫生的基质,则需要消毒后使用。

基质消毒机实际上就是一台小型蒸汽锅炉,国外有出售的产品。国内虽未见有产品,但可以买一台小型蒸汽锅炉,根据锅炉的产汽压力及产汽量,筑制一定体积的基质消毒池,池内连通带有出汽孔洞的蒸汽管,设计好进、出基质方便的进、出料口,并使其密封。留有一小孔插入耐高温温度计,以观察基质内温度。

4.2.3 基质搅拌机

购买的育苗基质或自配的育苗基质在被送往送料机、装盘机之前,一般要用搅拌机重新搅拌,一是避免原基质中各成分不均匀;二是防止基质在贮运过程中结块,影响装盘的质量。此时,如果基质过于干燥,还应加水进行调节。图4-5所示为常用的基质搅拌机。

图4-5 基质搅拌机

4.2.4 育苗穴盘

育苗穴盘是工厂化育苗的必备容器,是按照一定的规格制成的带有一定数量小型钵状穴泡沫或注塑的塑料育苗盘。育苗穴盘与机械化播种的机械相配合,因此其规格一般按自动精播生产线的规格要求制作,目前生产应用较多的为 30 cm×60 cm。育苗穴盘中每个小穴的面积和深度依育苗种类而定。因此,在 30 cm×60 cm 的一张盘上有 32、40、50、72、128、256 等数量不等的小穴。小穴深度也各异,3~10 cm 不等。

由于自动精播机的规格不同,对育苗穴盘的规格要求也不同;用途不同,其穴盘的形状和制作材料也有不同。例如,在形状上可制成正方形穴盘、可分离式穴盘等;在制作材料上有纸格穴盘、泡沫穴盘、塑料(聚苯乙烯)穴盘(图4-6)等。

图 4-6　泡沫穴盘和塑料穴盘

4.2.5　自动精播生产线装置

蔬菜育苗穴盘自动精播生产线装置是工厂化育苗的一组设备,它由育苗穴盘(钵)摆放机、送料及基质装盘(钵)机、压穴及精播机、覆土机和喷淋机等五大部分组成。这五大部分连在一起是自动生产线,拆开后每一部分又可独立作业。

1. 育苗穴盘摆放机

将育苗穴盘成摞装载到机器上,机器自动按照设定的速度把育苗穴盘一张一张地放到传送带上,传送带将穴盘带入下一步的装基质作业处。

2. 送料及基质装盘机

育苗穴盘传送到基质装盘机下,育苗基质由送料装置从下面的基质槽中运送到育苗穴盘上方的贮基质箱中,由控制开关自动把基质颠撒下来,穴盘下面的传送带也有一定的振动,使基质均匀地充满每个小穴。在传送过程中,有一装置将多余的基质从穴盘上面刮去。图 4-7 所示为 TL700 型基质填料机。

图 4-7　TL700 型基质填料机

3. 压穴及精播机

如图 4-8 所示,装满基质的育苗穴盘在送往精播机下方前,中间有一装置将每一个填满基质的小穴中间压一播种穴,以保证每粒种子能均匀地播在小穴的中间,并能保持一致的深度,以使覆土厚度一致,出苗整齐。压好穴的播种育苗穴盘被送到精播机下,精播机利用真空吸、放气原理,根据不同育苗穴盘每行穴数设计的种子吸管的管嚎,把种子从种子盒中吸起,然后移动到育苗穴盘上方,由减压阀自动放气,种子自然落进播种穴,每执行动作一次,播种一纵行。然后由传送系统向前运送。

图4-8 压穴(左)及精播(右)机

4. 覆土机

播完种的育苗穴盘被运送到覆土机的下方,覆土机将贮存在基质箱内的基质,均匀地覆盖在播过种子的小穴上面,并保持一定的厚度。

5. 喷淋机

覆盖好基质的育苗穴盘被运送到喷淋机下,喷淋机将按照设计的水量,在穴盘的行走过程中把水均匀地喷淋到穴盘上。有些厂家的喷淋机原理是育苗穴盘行至喷淋机下时稍作停留,然后将整个穴盘一次性淋足水。完成整个播种过程的育苗穴盘被运送到催芽室催芽。图4-9所示为FL200型覆料淋水机。

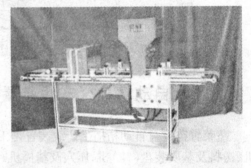

图4-9 FL200型覆料淋水机

4.2.6 育苗设施内的喷水系统

在工厂化育苗的绿化室或幼苗培育设施内,应设有喷水设备或浇灌系统。工厂化育苗温室或大棚内的喷水系统一般采用行走式喷淋装置,既可喷水,又可喷洒农药。在寒冷的冬季应注意水温不应太低,以免对幼苗造成冷害。规模化育苗一般采用人工喷洒,但应注意喷水的均匀度,往往育苗盘周边部分喷水不匀,影响幼苗的整齐度。

行走式喷淋系统或人工喷洒方式,在幼苗较小时,喷入每穴基质中的水量比较均匀。等到幼苗长到一定程度,叶片比较大时,从上面喷水往往造成穴间水分分散不匀,可采用底面供水方式。底面供水方式在摆放育苗盘时应事先做好苗床,即将地面整平压实,床内四周打埝,两端要有一定的坡度,便于流水。整好的床面上铺上塑料薄膜(有条件者可在摆放穴盘处铺上0.2~0.4 cm的吸水无纺布),将穴盘成列摆放在上面。由床面浇水,水分通过穴盘底部的孔吸入到基质中。尤其是在寒冷的冬季,由底面供水要比由上面喷淋优越得多。

4.2.7 二氧化碳增施机

在工厂化育苗过程中,增施二氧化碳可以促苗壮。特别在寒冷的季节保护设施无法通风的情况下,培育果菜类幼苗增施二氧化碳对果穗的花芽分化及对定植后的产量都有较大的影响。二氧化碳施肥方法较多,具体可参照本书第6章。

4.3 工厂化育苗的管理要点

工厂化育苗是现代园艺作物生产的重要手段之一,可以实现规模化、标准化生产,因此在使用过程中应注意以下几点:

① 加强技术研究,确保为用户提供优质的幼苗。
② 加强管理,降低生产成本,提高经济效益,为工厂化育苗的可持续发展提供保障。
③ 做好机械的日常使用与维护工作,提高生产效率。
④ 做好设施的维护工作,为培育幼苗提供环境保证。
⑤ 科学合理地利用好各种机械,如根据播种量的多少确定播种方法,根据幼苗的生长需求确定是否需要进行二氧化碳施肥等,确保高质、高效地培育种苗。

本章小结

本章介绍了工厂化育苗的主要设施和机械设备及其主要作用。因为设施和设备的类型比较多,限于篇幅不在此具体介绍。通过本章的学习希望学生能了解工厂化育苗的概况,能为今后从事工厂化育苗生产或规划建设工厂化育苗设施等提供参考。

复习思考

1. 工厂化育苗的设施包括哪些?各有什么作用?
2. 工厂化育苗的主要机械有哪些?
3. 自动精播生产线包括哪些机械?其主要生产流程是什么?

第5章 覆盖材料

本章导读

随着科学技术的不断进步,许多新型的、多功能的和具有特殊功能的覆盖材料被研制生产出来,并在园艺设施和园艺生产中推广运用。本章主要介绍生产上常遇到的覆盖材料及其特性,供同学们学习及在今后生产应用时参考选择。

5.1 农用塑料薄膜

农用塑料薄膜是设施生产最主要的透明覆盖材料,根据基础母料及其功能的不同,可分为聚氯乙烯(PVC)、聚乙烯(PE),20世纪90年代又研究开发出乙烯-醋酸乙烯(EVA)多功能复合膜。随着我国化学工业和材料工业研究水平的不断提高,各种特殊功能的薄膜也应运而生,并在生产上得到了广泛的应用,目前已有几十种之多,本书主要介绍基本的种类。

5.1.1 聚氯乙烯薄膜

1. 普通聚氯乙烯薄膜

聚氯乙烯(PVC)薄膜是由聚氯乙烯树脂添加增塑剂经高温压延而成的。其特点是新膜具有良好的透光性,阻隔远红外线,保温性强,柔软易造型,薄膜破损时可以用黏合剂进行修补(也可用高温黏合),易黏结,耐候性好。日本在设施栽培中80%左右使用PVC薄膜。其缺点是密度大(为 $1.3\ g/cm^3$),一定重量的薄膜覆盖面积较聚乙烯膜(PE)减少1/3,成本高,低温下易变硬脆化,高温下又易软化松弛,助剂析出后膜面易粘尘土,难以清洗,使透光率下降很快,影响透光性,残膜不能燃烧处理,因为会产生有毒氯气。该膜适用于风沙小、尘土少的地区,或要求夜间保温栽培的北方地区。其中,$0.10 \sim 0.15\ mm$ 厚的薄膜用于大棚覆盖;$0.03 \sim 0.05\ mm$ 的用于中、小拱棚。

2. 聚氯乙烯长寿无滴膜

聚氯乙烯长寿无滴膜是在聚氯乙烯树脂中，添加一定比例的增塑剂、受阻胺光稳定剂、紫外线吸收剂等防老化助剂和聚多元醇脂类或胺类等复合型防雾滴助剂后高温压延而成的。使用有效期由普通聚氯乙烯的 6 个月提高到 8~10 个月。

防雾滴剂能增加薄膜的临界湿润能力，使薄膜表面发生水分凝结时不形成露珠附着在薄膜表面，而是形成一层均匀的水膜，水膜顺倾斜膜面流入土中。因此，可使透光率大幅提高。由于没有水滴落到植株上，可减少病害发生。由于聚氯乙烯分子具有极性，防雾滴剂也是具有极性的分子，分子间形成弱的结合键，使薄膜中的防雾滴剂不易迁移至表面乃至脱落，保持防雾滴性能。由于在成膜过程中加入大量的增塑剂，可使防雾滴剂分散均匀。所以聚氯乙烯长寿膜流滴的均匀性持久，流滴持效期可达 4~6 个月。聚氯乙烯长寿无滴膜厚度在 0.12 mm 左右，在日光温室果菜类越冬生产上应用比较广泛。

3. 聚氯乙烯长寿无滴防尘膜

在聚氯乙烯长寿无滴膜的基础上，增加一道表面涂敷防尘工艺，使薄膜外表面附着一层均匀的有机涂料，阻止了增塑剂、防雾滴剂向外表面析出，使薄膜表面的静电性减弱，从而起到防尘、提高透光率的作用，延长了薄膜的无滴持效期。另外，在表面材料中还加入了抗氧化剂，从而进一步提高了薄膜的防老化性能。

5.1.2 聚乙烯塑料薄膜

1. 普通聚乙烯塑料薄膜（PE）

聚乙烯薄膜是由低密度聚乙烯（LDPE）树脂或线型低密度聚乙烯（LLDPE）树脂吹塑而成的。它质地轻、柔软、易造型、透光性好、无毒、吸尘性弱、无聚氯乙烯那种因增塑剂析出所造成的吸尘多（发黏性）的现象、耐低温性强，低温脆化度为 -70 ℃，在 -30 ℃时仍能保持柔软性；红外线透过率高达 70% 以上，适于做各种棚膜、地膜，是我国当前主要的农膜品种。其缺点是耐候性差，保温性差，雾滴性重，不耐高温，破损后不易黏结，只能用热合法。如果生产大棚薄膜，必须加入耐老剂、无滴剂、保温剂等添加剂改性，才能适应生产的要求。该膜普遍应用于长江中下游地区，不适合于高温季节覆盖，使用周期为 4~5 个月；0.05~0.08 mm 厚的用于大棚覆盖；0.03~0.05 mm 厚的用于中、小棚覆盖。

2. 聚乙烯长寿膜

聚乙烯长寿膜是以聚乙烯为基础树脂，加入一定比例的紫外线吸收剂、防老化剂和抗氧化剂后吹塑而成的。其耐候性好、抗老化、抗氧化；使用周期为 1~2 年；该膜的厚度为 0.10~0.12 mm，667 m² 的用量为 100~120 kg；幅宽有折径 1、1.5、2、3.5 m 等；近几年应用面积迅速扩大，一次性投资大，但使用寿命长，几乎可以用四茬作物，比普通聚乙烯膜更为经济。

3. 聚乙烯无滴长寿膜

聚乙烯无滴长寿膜是以聚乙烯为基础树脂，加入防老化剂和防雾滴助剂后吹塑而成的。其特点是透光率高，使用寿命长，耐候性良好；使用周期为 1.5~2 年以上，无滴持效期可达 150 d 以上；该膜厚度为 0.10~0.12 mm，667 m² 的用量为 100~130 kg；适应各种棚型选用，还可以在温室和大棚内当二道幕覆盖用。

4. 聚乙烯多功能复合膜

以聚乙烯为基础树脂,在其中加入多种添加剂,如无滴剂、保温剂、耐老化剂等,可使一种膜具有长寿、无滴、保温等多种功能。

在加工工艺上有两种:一种是将基础树脂与各种添加剂混合均匀后吹塑成薄膜;另一种是复合膜,如三层复合膜。采用三层共挤设备将具有不同功能的助剂(防老化剂、防雾滴剂、保温剂)分层加入制备而成。一般来说,将防老化相对集中于外层(指与外界空气接触的一层)使其具有防老化性能,可延长薄膜寿命;防雾滴剂相对集中于内层(指与棚内空气接触的一层)使其具有流滴性,可提高薄膜的透光率;保温剂相对集中于中层,抑制棚室内热辐射流失,可使其具有保温性。添加的保温剂是折光系数与聚乙烯相近的无机填料,具有阻隔红外线的能力。

该膜的特点是透光性和保温性好、防雾滴、防老化、晴天升温快,能使50%以上的直射光变成散射光,有效地减轻骨架材料对阳光的遮挡,夜间保温作用良好;使用年限为1年以上,无滴持效期可达3~4个月;膜的厚度为0.08~0.12 mm;667 m^2 的用量为60~100 kg;可用做大、中、小棚,温室和棚室内二道幕。

5. 薄型多功能聚乙烯膜

薄型多功能聚乙烯膜是以聚乙烯树脂为母料,在其中加入光氧化和热氧化稳定剂提高薄膜的耐老化性能,加入红外线阻隔剂提高薄膜的保温性,加入紫外线阻隔剂以抑制病害发生和蔓延的。

薄型多功能聚乙烯膜透光率为82%~85%,比普通的聚乙烯膜透光率(91%)低,但棚室内散射光比例高达54%,比普通的聚乙烯膜高出10%,使棚室内作物上下层受光均匀,有利于提高整株作物的光合效率,促进作物生长和提高作物产量。

普通的聚乙烯膜(厚度为0.10 mm)在远红外线区域(7 000~11 000 nm)的透过率为71%~78%,而厚度仅0.05 mm 的薄型多功能聚乙烯膜透过率仅为36%,所以其保温性能优于普通聚乙烯膜;薄型聚乙烯膜中添加了紫外线阻隔剂,使植株的病情指数下降,起到了良好的防病作用。

表5-1 所示为两种塑料薄膜在不同光波区的透光率比较。

表5-1 两种塑料薄膜在不同光波区的透光率(%)

光波范围/nm	PVC多功能膜	PE多功能膜
紫外线(≤300)	20	55~60
可见光(450~650)	86~88	71~80
近红外线(1 500)	93~94	88~91
中红外线(5 000)	72	85
远红外线(9 000)	40	84

5.1.3 乙烯-醋酸乙烯多功能复合薄膜

它是以乙烯-醋酸乙烯共聚物(EVA)树脂为主体的三层复合功能性薄膜。其厚度在

0.10~0.12 mm,幅宽2~12 m。由于醋酸乙烯(VA)的引入,使EVA树脂具有许多独特的性能。

1. 透光性

在短波太阳辐射区域,EVA膜的透过率在≤300 nm的紫外线区域,低于PE膜,在400~700 nm的光合有效辐射区域高于PE膜,与PVC膜相近;在长波热辐射区域,EVA的透过率低于PE而高于PVC。一般来说,在700~1 400 nm的红外线区域,0.1 mm厚的PVC膜阻隔率为80%,EVA膜为50%,PE膜为20%。市场上现有的EVA膜在制备过程中添加了结晶改性剂,结晶性降低,从而使薄膜有良好的透明性,薄膜本身的雾度(即混浊程度)不高于30%,其初始透光率甚至不低于PVC膜。

2. 强度和耐候性

EVA的耐候性、耐低温性、耐冲击性、耐应力开裂性、黏结性、焊接性、透光性、爽滑性等都明显强于PE,因而不易开裂。EVA多功能复合膜由三层复合而成,外表层以LLDPE、LDPE或VA含量低的EVA树脂为主,添加耐候、防尘等助剂,使其机械性能良好,耐候性强,能防止雾滴助剂析出。EVA膜的强度优于PE膜,总体强度指标不如PVC。由于EVA树脂本身阻隔紫外线的能力较强,加之在成膜过程中又在其外表面添加了防老化助剂,故经自然暴晒10个月,伸长保留率仍在80%以上;经实际扣棚13个月和18个月后,伸长保留率均高于50%。其使用期一般可达18~24个月。EVA的耐冲击性强。

3. 保温性

EVA树脂红外线阻隔率高于PE,低于PVC,保温性能较好。EVA多功能复合膜的中层和内层添加了保温剂,其红外线阻隔率还要高,有的可超过70%,在夜间低温时表现出良好的保温性,一般夜间比PE膜高1.0 ℃~1.5 ℃;白天比PE膜高2.0 ℃~3.0 ℃。

4. 防雾滴性

EVA树脂有弱的极性,可与多种耐候剂、保温剂、防雾剂混合吹制薄膜,相容性好,色容性强,可延长无滴与防雾期,因而延长了无滴持效期,无滴持效期在8个月以上,同时棚室内雾气相应减少。

总之,EVA多功能复合膜在耐候、初始透光率、透光率衰减、无滴持效期、保温等方面有优势,既解决了PE膜无滴持效期短、初始透光率低、保温性差等问题,又解决了PVC膜密度大、同样重量的薄膜覆盖面积小、幅宽窄、需要较多黏结、易吸尘、透光率下降快、耐候性差等问题。所以,该薄膜是较理想的PE和PVC的更新换代材料。

5.1.4 氟素膜(ETFE)

ETFE是以四氟乙烯为基础母料制成的。这种膜的特点是高透光率和极强的耐候性,其可见光透过率在90%以上,而且透光率衰减很慢,经使用10~15年,透光率仍在90%,抗静电性强,尘染轻。这种膜可连续使用10~15年,价格昂贵,且废膜要由厂家回收后用专门的方法处理。

5.1.5 调光薄膜

1. 漫反射膜

漫反射膜是以聚乙烯为基础树脂,加入一定比例的对太阳反射晶核材料制备而成的。阳光直射透过此膜时,在漫反射晶核的作用下,在棚室内形成均匀的散射光,减少直射光的透过率,既可降低中午前后棚内高温,减轻高温对作物的伤害,又能使棚内植物生长整齐一致。漫反射膜还具有一定的光转换能力,能把部分紫外线吸收转变成能级较低的可见光,紫外线透过率减少,可见光透过率略有增加,有利于作物对光合有效辐射的利用,减少病害的发生。这种膜保温性好于 PE 和 PVC 普通膜,阴天太阳光弱的时候,保温性能明显高于普通膜;晴天日照强烈的中午前后,由于漫反射对中红外区的阻隔,气温反而低于普通膜;而夜间因漫反射膜热辐射透过率低而使气温高于普通膜。

2. 转光膜

转光膜是以低密度聚乙烯(LDPE)树脂为基础原料,加入光转换剂后,吹塑而成的一种新型塑料薄膜。这种薄膜具有光转换特性,受太阳照射时可将吸收的紫外线(290~400 nm)区能量的大部分转化成为有利于作物光合作用的橙红光(600~700 nm),增强光合作用,并能提高棚室内的气温和地温。转光膜比同质的功能性聚乙烯膜透光率高出 8% 左右。有的转光膜在橙红光区透光率高 9%~11%。转光膜的另一显著特点是保温性能较好,尤其在严寒的 12 月份和翌年 1 月份更显著,最低气温可提高 2.0 ℃~4.0 ℃,有的转光膜在阴天或晴天的早晚,棚室内气温高于同质的聚乙烯膜;而晴天中午反而低于聚乙烯膜。在使用转光膜的棚室内,番茄、黄瓜等品质和产量有所提高。此种农膜还具有长寿、耐老化和透光率好等特点,一般厚度为 0.08~0.12 mm,幅度折径为 1~5 m,抗拉强度大于或等于 13 MPa,断裂伸长率大于或等于 305%,直角撕裂强度大于或等于 50 kN/m。使用期限为 2 年以上,透光率为 85% 以上,在弱光下增温效果不显著。

3. 紫色和蓝色膜

调光薄膜有紫色膜和蓝色膜两种,一种是在无滴长寿聚乙烯膜基础上加入适当的紫色或蓝色颜料;另一种是在转光膜的基础上添加蓝色或紫色颜料。两种薄膜的蓝、紫光透光率增加。紫色膜适用于韭菜、茴香、芹菜、莴苣和叶菜等;蓝色膜对防止水稻育秧时的烂秧效果显著。有色膜的分光透过率与其本身的色调有关,红色膜在蓝绿光区透过率低,而在红光区透过率较高;而青色膜则在黄红光区透过率较低,在蓝、紫、绿光区透过率较高。

今后研制薄膜的方向主要是开发功能性薄膜,以适应作物对环境的要求。例如,R/FR 薄膜在 R/FR 比值小的情况下,可促进植株的伸长,在 R/FR 比值大的情况下,抑制植株伸长。可以通过在薄膜中添加 R(红色光)、FR(远红外线)吸收色素,来调节薄膜对 R/FR 透过量的比例,以调节植物的生长。又如温变色薄膜,特殊的水溶性高分子化合物在加温过程中会变得白浊,温度过低时,又由白浊变得清澈,可以根据这一原理研制薄膜,使其高温时色泽白浊,降低透光率,如此来调节室温和植物的叶温。此外,还有温诱变膜、光诱变膜,随温度、光强度变化薄膜的颜色发生变化,从而调节棚室内光、温环境。

5.2 地 膜

地膜的种类较多,应用最广的为聚乙烯地膜,厚度为 0.005~0.015 mm。目前,常用的地膜覆盖方式有地表覆盖和近地面覆盖两类。河南农业大学农学院杨青华在借鉴前人经验的基础上研究开发了液体地膜,用普通喷雾器喷洒到地面、叶片上的新型材料具有良好的生态和生物学效应。把这种液体地膜均匀喷洒于作物叶片可以显著抑止水分蒸发,它的大面积推广将为农业节水开辟一个有效的途径。杨青华的研究结果表明,适量液体地膜覆盖农田可显著增加土壤含水量,提高土壤温度,降低土壤容重,增大土壤孔隙度。与塑料地膜覆盖相比,能更显著地增加棉田土壤中细菌、放线菌和真菌的数量,显著增强覆盖棉田土壤中过氧化氢酶、脲酶、转化酶、中性磷酸酶和多酚氧化酶的活性。

5.2.1 普通透明地膜

普通透明地膜透光增温性好,具有保水保肥、疏松土壤等多种效应,是使用量最大、应用最广的地膜种类,约占地膜总量的 90%。根据其原料不同可分为以下四大类:

1. 高压低密度聚乙烯(LDPE)地膜(简称高压膜)

高压膜是用 LDPE 树脂经挤出吹塑成型制得的,为蔬菜生产上最常用的地膜。其厚度为(0.014±0.003)mm,幅宽有 40~200 cm 多种规格,667 m^2 的用量为 8~10 kg(按 70% 的覆盖面积计算),主要用于蔬菜、瓜类、棉花及其他多种作物。该膜透光性好,地温高,容易与土壤黏着,适用于北方地区。

2. 低压高密度聚乙烯(HDPE)地膜(简称高密度膜)

高密度膜是用 HDPE 树脂经挤出吹塑成型制得的。其厚度为 0.006~0.008 mm,667 m^2 的用量为 4~5 kg,用于蔬菜、棉花、瓜类、甜菜等作物,也适用于经济价值较低的作物,如玉米、小麦、甘薯等。该膜强度高,光滑,但柔软性差,不易黏着土壤,故不适于沙土地覆盖,其增温保水效果与 LDPE 基本相同,但透明性稍差。

3. 线性低密度聚乙烯(LLDPE)地膜(简称线型膜)

线型膜由 LLDPE 树脂经挤出吹塑成型制得。其厚度为 0.005~0.009 mm,适用于蔬菜、棉花等作物。其特点除了具有 LDPE 的特性外,机械性能良好,拉伸强度比 LDPE 提高 50%~75%,伸长率提高 50% 以上,耐冲击强度、穿刺强度均较高,耐候性、透明性均好,但易粘连。

4. 共混地膜

为了提高地膜耐候性,增加强度和易作业性,克服一些树脂原料的缺点和不足,如 HDPE 质脆、横向拉伸强度差、耐候性不好、LLDPE 质黏、柔软、LDPE 强度、耐候性不高等,可将 LDPE、HDPE、LLDPE 三种树脂中的两种按一定比例共混吹塑制膜。共混地膜厚度为 0.008~0.014 mm,其强度高,耐候性较好,易与畦面密接,作业性有所改善,适用于农业生产。

5.2.2 有色地膜

在聚乙烯树脂中加入有色物质,可以制成各种不同颜色的地膜,由于它们对太阳辐射光谱的透射、反射和吸收性能不同,因而对杂草、病虫害、地温变化、近地面光照进而对作物生长有不同的影响。有色地膜主要有以下几种:

1. 黑色地膜及半黑色地膜

黑色地膜厚度为 0.01~0.03 mm,该膜的主要特点是透光率低,能有效地防除杂草。黑色地膜可见光透过率为5%以下,覆盖后灭草率可达100%。此外,覆盖后的地面,热量不易传入,可有效地防止水分的蒸发。用黑色地膜覆盖黄瓜幼苗,可促进苗提前开花;在高温季节栽培夏萝卜、白菜、菠菜、秋黄瓜、晚番茄等效果良好。半黑色地膜其透光性强于黑色地膜,提高地温的效果介于透明膜和黑色地膜之间。半黑色地膜在日本已被广泛地应用,我国可根据不同地区、作物种类、杂草滋生情况以及栽培目的选择应用。

2. 银灰色地膜

银灰色地膜厚度为 0.015~0.02 mm,该膜对紫外线的反向率高,可有效地驱避蚜虫和白粉虱,防止病毒病的发生。另外,银灰色地膜还有抑制杂草生长、保持土壤湿度等作用,其增温效果介于透明膜和黑色地膜之间。该膜主要适用于夏秋季高温期间防蚜、防病、抗热栽培,在烟草、棉花、甜菜、西瓜、番茄、白菜等多种作物上应用,有良好的防病、防蚜和改进品质的作用。

3. 红色地膜

该膜红光透过率可达到74%~95%,利用它能最大限度地满足某些作物对红光的需求,促进作物的生长,如使甜菜含糖量增加,胡萝卜直根长得更健壮,韭菜叶宽肉厚,收获早,产量高。

4. 黄色地膜

据试验,用黄色地膜覆盖黄瓜,可增加产量0.5~1倍;覆盖芹菜、莴苣,可使植株生长高大,抽苔推迟;覆盖矮秆扁豆,可使豆荚生长壮实。

5. 绿色地膜

绿色地膜厚度为 0.01~0.015 mm,可使光合有效辐射的透过量减少,而绿光增加,因而可降低地膜覆盖下杂草的光合作用,达到清除杂草的目的。绿色地膜对土壤的增温作用不如透明地膜,但优于黑色地膜,有利于茄子、甜椒等作物地上部分的生长。

6. 蓝色地膜

该膜的主要特点是保温性能好,可用于蔬菜、花生、草莓等作物的覆盖栽培。早春阳畦蔬菜育苗时,浅蓝色地膜可大量透过蓝紫光,使秧苗矮壮;同时还能吸收大量的橙色光,提高棚内温度。

7. 紫色地膜

该膜的主要特点是使紫色光透过率增加,主要适用于冬春季节温室或塑料大棚内茄果类和绿叶蔬菜的栽培,可提高作物的品质,增加产量和经济效益。

8. 黑白双色地膜

该膜由黑色和乳白色地膜两层复合而成,厚度为 0.02~0.025 mm,每亩用量 10 kg,主要适用于夏秋高温季节蔬菜、瓜类的抗热栽培。覆盖时,乳白色向上,黑色向下,具有增加近地面反射光、降低地温、保湿、灭草、护根等功能。黄瓜、番茄、茄子、辣椒、菜豆等喜温蔬菜及萝卜、白菜、莴苣等喜凉蔬菜,在夏季都可以获得良好的生长,产量几乎不受影响。

9. 银黑双面膜

该膜由银灰和黑色地膜两层复合而成,厚度为 0.02~0.025 mm,每亩用量 10 kg。覆盖时,银灰色膜向上,黑色膜向下,具有反光、避蚜、防病毒病、降低地温等作用,同时具有除草、保湿、护根等功能。该膜主要用于夏秋季节蔬菜的抗热、抗病栽培。

10. 配色地膜(透明/黑/透明结构)

配色地膜是由不同颜色、不同性能的地膜匹配在一起而成,能有效调节作物根系的生长发育环境、防止高温或低温障碍的一种新型地膜。这是根据不同季节气温、地温的变化及作物根系分布状态而专门设计的,在西瓜、甜瓜及多种蔬菜等高产值作物上应用有较好的前景。

11. KO 系避蚜地膜

该膜在聚乙烯树脂中加入少许荧光粉,经挤出吹塑而成。地膜表面的一薄层暗银灰色物质具有反光、避蚜作用。其产品有透明 KO 避蚜膜(KON)、黑色 KO 避蚜膜(KOB)及绿色 KO 避蚜膜(KOG)三种,有驱避有翅蚜及南黄蓟马的作用。

5.2.3 特殊功能性地膜

1. 除草地膜

该地膜是在聚乙烯树脂中加入适量的除草剂,经挤出吹塑成型制成的。除草膜覆盖土壤后,其中的除草剂会迁移析出并溶于地膜内表面的水珠之中,含药的水珠增大后会落入土壤中杀死杂草。除草地膜不仅降低了除草的投入,而且因地膜保护,杀草效果好,药效持续期长。因不同药剂适用于不同的杂草,所以使用除草地膜时要注意各种除草地膜的适用范围,切莫弄错,以免除草不成反而造成作物药害。

2. 耐老化长寿地膜

该地膜是在聚乙烯树脂中加入适量的耐老化助剂,经挤出吹塑制成的,厚度为 0.015 mm,每公顷用量 120~150 kg。该膜强度高,使用寿命较普通地膜长 45 d 以上,适用于"一膜多用"的栽培方式,且便于旧地膜的回收加工利用,不致使残膜留在土壤中,但价格较高。

3. 有孔膜及切口膜

为了便于播种或定植,工厂在生产薄膜时,根据栽培的要求,在薄膜上打出直径为 3.5~4.5 mm 的圆孔,用于播种。如果用于栽苗,则要打出 8~10 cm 的定植孔。孔间距离可根据作物种类不同而有所差异。

4. 降解地膜

我国于 20 世纪 70 年代末引入降解地膜覆盖技术,20 世纪 80 年代中开始自行研制,将其用于棉花、烟草、玉米、花生和蔬菜等作物的栽培,并取得了一定的效果。

(1) 光降解地膜

该地膜是在聚乙烯树脂中添加光敏剂,使地膜在自然光的照射下,加速降解,老化崩裂。这种地膜的不足之处是:只有在光照条件下才有降解作用,埋在土壤之中的膜降解缓慢,此外降解后的碎片也不易粉化。

(2) 生物降解地膜

该地膜是在聚乙烯树脂中添加高分子有机物(如淀粉、纤维素和甲壳素等)或乳酸脂,借助于土壤中的微生物(细菌、真菌、放线菌)将塑料彻底分解重新进入生物圈。该种地膜的不足之处在于耐水性差,力学强度低,虽能成膜并具备普通地膜的功能,但实用性差。

(3) 光-生物双解性地膜

该地膜是在聚乙烯树脂中既添加了光敏剂,又添加了高分子有机物,从而具备光降解和生物降解的双重功能。地膜覆盖后,经一定时间(如60、80 d),由于自然光的照射,薄膜自然崩裂成为小碎片,这些残膜可为微生物吸收利用,对土壤、作物均无不良影响,有利于减少环境污染,保护生态环境。

5.3 硬质塑料板的种类、特性及应用

5.3.1 种类

用做园艺设施覆盖的塑料板有玻璃纤维增强聚酯树脂板(FRP 板)、玻璃纤维增强聚丙烯树脂板(FRA 板)、聚丙烯树脂板(MMA 板)和聚碳酸酯树脂板(PC 板)等。FRP、FRA 和 MMA 板又称为玻璃钢。

FRP 板是以不饱和聚脂为主体加入玻璃纤维制成的复合材料,厚度为 0.6~1.0 mm,波幅为 32 mm,表面有涂层或覆膜(聚氟乙烯薄膜)保护,以抑制表面在阳光照射下发生龟裂,导致纤维剥蚀脱落,缝隙内滋生微生物和积淀污垢,而使透光率迅速衰减。使用寿命可达 10 年以上。优点是价格便宜、强度高、安装容易。缺点是抗紫外线能力差、易吸尘、受污染会出现龟裂、随使用时间的增加颜色会变黄。

FRA 板是以聚丙烯酸树脂为主体,加入玻璃纤维复合而成的,厚度为 0.7~1.0mm,波幅为 32mm。由于紫外线对 FRA 板的作用仅限于表面,所以它比 FRP 板耐老化,使用寿命可达 15 年。优点是透光性能优异、抗紫外线能力弱、耐候性好、不发黄、质量轻、现场安装容易。缺点是易划伤、热胀冷缩系数大、随使用时间的增加会变脆、价格高、不耐高温、不阻燃。其采光性能比 FRP 板更好。FRP 板主要透过 380~2 000 nm 的光谱线,紫外线透过少,近红外线透过多;FRA 比 FRP 板透光线范围更广,可达 280~5 000 nm。FRA 板有 32 条波纹板和平板两种。

MMA 板是以聚丙烯酸树脂为母料,不加玻璃纤维,厚度较厚,为 1.3~1.7 mm,波幅为 63 mm 或 130 mm。MMA 透明度高,光线透过率大,保温性能强,污染少,透光率衰减缓慢,

长期使用也不会变差。但热线性膨胀系数大,耐热性能差,价格贵。它可透过300 nm以下的紫外线,适合于花卉和茄子等的栽培。

PC板,俗称阳光板,其主要原料为聚碳酸酯。园艺设施上常用的PC板有双屋中空平板和波纹板两种类型。双层中空的厚度为6~10 mm,波纹的厚度为0.8~1.1 mm,波幅为76 mm,波宽为18 mm。

PC板表面亦有涂层以防老化,使用寿命可达15年以上。强度高,抗冲击强度是玻璃的40倍,是其他玻璃钢的20倍,重量仅为玻璃的1/5。温度适应范围在110 ℃ ~ -40 ℃,能承受冰雹、强风、雪灾,耐热、耐寒性好;可透过380~1 700 nm光线;不易结露,阻燃。但防尘性差,热膨胀系数大,价格昂贵。

5.3.2 性能

与玻璃相比,FRA板紫外线区域透过率最高,其次是MMA板,而FRP板几乎不透过紫外线。在可见光区域,三者的透光率都比较高,与玻璃接近,均为90%以上,三者在>5 000 nm的红外线区域几乎都不透过。其保温性与玻璃相当,尤其是MMA板,不透过>2 500 nm的红外线,加之它的导热性较低,保温性能极佳,使用MMA板比使用其他塑料板可节能20%。与玻璃相比,三种塑料板散光性能都比较强,因而棚室内的散射光比例较高。各种板材的透光率与入射角有关,当太阳光入射角<45°时,透光率变化很小;当入射角>45°时,若光线方向与波道垂直,则波形板比平板透光率低;若光线方向与波道平行,则波形板透光率高于平板。

与玻璃相比,三种塑料板的重量都比较轻,所以用来充当覆盖材料可降低支架的投资费用。三种板材都有一定的卷曲性能,可弯成曲面,耐冲击,耐雪压。但三种板的耐候性、阻燃性和亲水性都不如玻璃,应添加阻燃剂和防雾滴剂。

5.4 玻 璃

用于园艺设施上的玻璃种类较多,有平板玻璃、钢化玻璃、隔热玻璃、高透光玻璃等。

玻璃的透光率与光线入射角的关系:在入射角<45°时,透光率变化不大;在入射角>45°时,透光率明显下降;在入射角>60°时,透光率急剧下降。玻璃厚度对透光率影响不大,随玻璃厚度的增加透光率略有下降。玻璃透光性能优异、隔热性能好、抗紫外线能力强、耐磨损。平板玻璃与热吸收玻璃的透光性能比较见表5-1。

表5-1 平板玻璃和热吸收玻璃的透光性能比较

	<310 nm	330~380 nm	可见光区域	<4 000 nm	>4 000 nm
平板玻璃	不透过	80%~90%	90%	80%以上	不透过
热吸收玻璃	<330 nm 不透过	350~380 nm 40%~70%	可见光区域 70%~80%	<4 000 nm 70%以下	>4 000 nm 不透过

太阳辐射中的近中红外区辐射具有热效应,因此玻璃的增温性能强,而热吸收玻璃有效地削弱了近中红外辐射,从而降低了自身的增温能力,这有利于降低夏季室内的温度。远红外辐射又称热辐射,是园艺设施散热的重要途径,而玻璃对于该部分辐射的透过率极低,因此具有较强的保温性能。

玻璃在所有覆盖材料中耐候性最强,使用寿命达 40 年,其透光率很少随时间变化,防尘、耐腐蚀性好,亲水性、保温性能优良。玻璃的线性热膨胀系数比较小,安装后较少因热胀冷缩损坏。但玻璃质量重,要求支架粗大,不耐冲击(钢化玻璃除外),破损时容易损伤人员和作物。因此,在冰雹较多的地区,有采用钢化玻璃的,钢化玻璃破碎时呈小碎块不易伤人,但破损后不能修补,且造价高,易老化,透光率衰减快。

5.5 无纺布

无纺布是以聚酯为原料熔融纺丝,堆积布网,热压黏合,最后干燥定型成棉布状的材料。因其无织布工序,故称"无纺布"或"不织布",因其可使作物增产,又称为"丰收布"。无纺布具有防寒、保温、透光、透气、质量轻、结实耐用、不易破损等特点,加厚的无纺布保温效果好,可用于多层覆盖,使用期一般为 3~4 年,使用保管得当,可达 5 年。

5.5.1 无纺布的种类和性能

根据纤维的长短,无纺布分为长纤维无纺布和短纤维无纺布两种。短纤维无纺布强度差,不宜在园艺设施生产上应用,目前应用于园艺设施的是长纤维无纺布。无纺布有白、黑、银灰三种颜色,通常用每平方米的克数表示无纺布的品名,目前国内应用的无纺布主要有以下几种:

(1) 20 g/m^2 无纺布

这是无纺布中较薄的一种,厚度为 0.09 mm,透水率为 98%,遮光率为 27%,通气度为 500 $mL \cdot cm^{-2} \cdot s^{-1}$。它主要用于蔬菜近地面覆盖或浮动覆盖、遮光及防虫栽培,也可用做温室内的保温幕,使蔬菜减轻冻害。

(2) 30 g/m^2 无纺布

其厚度为 0.12 mm,透水率为 98%,遮光率为 30%,通气度为 320 $mL \cdot cm^{-2} \cdot s^{-1}$。其主要用做露地小棚、温室、大棚内的保温幕,夜间起保温作用,可覆盖栽培蔬菜或用于遮阴栽培防热害。

(3) 40 g/m^2 无纺布

其厚度为 0.13 mm,透水率为 30%,遮光率为 35%,通气度为 800 $mL \cdot cm^{-2} \cdot s^{-1}$。它可用做温室和大棚内的保温幕,夜间有保温作用,也适于夏、秋遮阴育苗和栽培。

(4) 50 g/m^2 无纺布

其厚度为 0.17 mm,透水率为 10%,遮光率为 50%,通气度为 145 $mL \cdot cm^{-2} \cdot s^{-1}$。它

可用做温室和大棚内的保温幕,或用于遮阴栽培效果更佳。

(5) 100 g/m² 无纺布

它主要用做园艺设施外的覆盖材料,可以替代草苫等。

5.5.2 无纺布的覆盖应用

1. 浮面覆盖

浮面覆盖是将薄型无纺布(20~30 g/m²)直接覆盖于露地或设施内的栽培畦的畦面或植株上,起保温、保湿、防风、防寒等作用,可以促进生长、提早上市、增加产量、改善品质。

2. 棚室内保温幕

在棚室内用加厚的无纺布(30~50 g/m²)做二道幕保温帘,可以有效地提高保温性能,节约能源消耗,还有一定的防病效果,常在现代化温室内应用。使用时白天应拉开,晚上则必须闭合严密,以防保温效果差。

3. 外覆盖保温

采用50~100 g/m²无纺布,在棚室内的小棚上代替草苫做多层覆盖用,保温效果优于草苫。

5.5.3 无纺布的应用与维护

无纺布覆盖栽培技术,在发达国家日本、美国、荷兰、加拿大等国早已普遍应用,多用于温室和大棚内二道幕、三道幕覆盖栽培和露地浮动覆盖栽培,对提早和延后栽培、提高产量、改进产品质量具有重要作用。我国于1982年引进无纺布覆盖栽培技术和无纺布,在消化、吸收的基础上又有了新的发展。无纺布具有保温节能、防霜冻、降湿防病、遮调光、防虫和避免杂草等作用。用做二道幕、三道幕时,不论是早春还是晚秋,均有提高棚、室内气温和土壤温度的效果,能促进作物生长,增产增收,实现提前或延后栽培。由于无纺布孔隙大而多,松软,纤维间隙可吸水,能防止结露、降低湿度,减轻病害发生,人工操作也很轻便。

因其不仅用于蔬菜育苗、早熟和秋延后栽培、蔬菜夏季遮阴栽培,还可用于花卉、水稻、柑橘等覆盖栽培,既可用做温室大棚的保温幕,又能用于露地浮面栽培,操作简单,无需任何支架,以作物本身为支架,将薄型的无纺布覆盖在作物上,四周用土块压好,随着作物往上长高,无纺布跟随上浮,故而能起到保温、防鸟、早熟、高产、改善品质的作用。

管理上应适时挂幕。一般在作物定植或播种前7~8 d挂幕,距棚膜约30~40 cm,每亩用无纺布700 m²左右;其次要掌握好开、闭时间,因无纺布具有保温和遮阴降温的双重作用,一般情况下,上午在棚室内温度达到10 ℃以上时即拉开,午后棚室气温下降到15 ℃~20 ℃时闭上,如果上午气温高达35 ℃时,可临时闭上无纺布以减少阳光透过而降温,避免高温对作物造成伤害。无纺布有广阔的应用前景,只是价格昂贵,影响应用面积的扩大和发展速度。为减少生产成本,凡使用无纺布的单位,用后应及时清洗干净、晾干并保管收藏好,以便再用。如使用保管得当,使用期可达5年,一次性投资虽大,但按使用茬次折算下来就大大减少了成本费用。

5.6 其他覆盖材料

5.6.1 硬塑料膜

硬塑料膜是厚度为 0.1~0.2 mm 的硬质塑料片材,有不含塑剂的硬质聚氯乙烯和硬质聚酯膜两种。聚酯膜能透过 320 nm 以上的紫外线,硬质聚氯乙烯膜中添加了紫外线吸收剂的,则对 380 nm 以下的紫外线几乎不透过。两种片材在可见光波段透光性一致,在红外线区域透过率极低,仅 10%。由于聚酯膜中添加了界面活性剂,对聚氯乙烯膜进行了防雾滴处理,所以两种硬膜均有流滴性。聚酯膜附着尘埃以后透光率下降幅度小,不易断裂,耐候性比聚氯乙烯膜好,保温性与聚氯乙烯膜相当,燃烧时有毒气释放,价格也比较贵。

5.6.2 反光膜

反光膜有三种不同的类型:一是在 PVC 膜或 PE 膜制作过程中混入铝粉;二是以铝粉蒸汽涂于 PVC 膜或 PE 膜表面;三是将 0.03~0.04 mm 的聚酯膜进行真空镀铝,光亮如镜面,又称镜面反射膜。反光膜的作用,一是提高了对可见光的反射能力,增加棚室内的光照;二是铝箔的长波放射系数小,可以阻挡热辐射的散失,有保温作用。例如,把镜面膜张挂于栽培畦或苗床北侧,由于反光作用,可在反射膜张挂高度的两倍距离内增加光照度,最高的可达 40% 以上。张挂时必须平整,否则易形成凹面,使反射光集中于焦点处,引起作物灼伤。

5.6.3 寒冷纱

寒冷纱是又一种新型覆盖材料,为窗纱结构的化纤纺织物,用耐腐蚀、抗油污、不霉烂、抗日晒、耐候性强、不易老化、无毒的聚乙烯醇缩甲醛纤维(即维尼纶纤维)织造而成,厚度为 0.05~1.0 mm。维尼纶纤维织物的干燥断裂强度大,为棉纱的 4 倍,可以加工成白色、银灰色、深色等多种颜色,有各种不同的用途,如分别用于防虫、防病毒、防风害、降湿保温、防寒、防强光光照等。北京地区主要用于夏、秋蔬菜育苗、夏播番茄的前期覆盖防病毒。覆盖寒冷纱后比露地气温可降低 3 ℃~5 ℃,地温能降 2 ℃~4 ℃,病害轻,产量高,品质好。南方一些地区用它作为春、秋季培育壮苗,出苗率高,幼苗素质好,用它进行覆盖栽培可促进增产。使用后要洗净、晾干,若妥善保管好,能延续使用 4~5 年。如果保管不好,势必减少其使用寿命,无疑造成投资不能充分利用,设备利用率低,增大生产成本。

5.6.4 蒲席和草苫

蒲席是用蒲草及芦苇各半编织而成的,草苫是用稻草编织而成的,其导热系数很小,可使夜间温室热耗减少60%。但目前市场上的蒲席、草苫质量有待提高,厚度和密度没有保证。据测试,致密的蒲席比稀松的可使室内温度提高1.0 ℃~2.0 ℃。

5.6.5 纸被

纸被是用4~7层牛皮纸或水泥袋包装纸缝制而成的,长度视温室的跨度而定,能够盖严即可。在寒冷的冬季或地区,为了提高日光温室的保温性能,在蒲席、草苫下铺一层纸被,不仅增加了覆盖材料的厚度,而且弥补了蒲席、草苫的缝隙,大大减少了缝隙散热,可使室内温度提高4.0 ℃~6.0 ℃。但纸被投资高,易被雨水淋湿,寿命短,故也可用旧薄膜代替纸被。

5.6.6 保温毯

保温毯是用再生纤维或次棉纱编织而成的,有很好的保温性能,也可以当塑料大棚的围帘使用。在韩国、日本等国家广泛应用于冬季蔬菜、花卉的栽培。由于使用成本较高,我国使用得较少。另外,因棉毯吸水力强,如被雨、雪弄湿了会变得很重,卷起、铺盖都比较困难,不注意晾干的话,易发生霉烂。但正常使用保温性很好,一般在棚体比较高、侧面直立的结构中,用做围毯的较多,采用固定、不移动式方法使用。

5.6.7 保温被

保温被是20世纪90年代研究开发出来的新型外保温覆盖材料。传统的保温覆盖材料很笨重不易铺卷,进行铺卷操作时又易将薄膜污损,容易腐烂,寿命短,加之质量得不到保证,促使人们研究开发出保温效果优良、轻便、表面光滑、防水、使用寿命长的覆盖材料。例如,目前生产中应用较多的佳美牌,质量适中、柔软、易于卷放、坚固、防风,其综合性能完全超过了传统的草苫。

保温被都采用多层复合组成,其基本结构为:最外层为防水牛津布,中层为腈纶棉或太空棉做成的防寒层,内层为不防雨的牛津布。根据各个生产厂家和保温要求的不同,可在各层进行改造,如可在外层牛津布内面加一层塑料薄膜;中层由原来的一层增加为两层;内层增加防止红外线辐射的隔热层等,从而来提高保温被的保温性能。保温被的规格和类型较多,应根据当地气候条件和生产实际加以选择,这样可充分发挥其作用,同时降低生产成本。

本章小结

本章主要介绍了常用的覆盖材料及其主要性能和特点；学生通过学习可以比较各种覆盖材料的特性，根据生产实际、当地的气候条件和投资能力合理地选择，从而提高生产效益，降低生产成本。

复习思考

1. 农用薄膜的种类和主要性能有哪些？
2. 硬质覆盖材料有哪些？其主要性能是什么？
3. 如何合理地利用无纺布？
4. 保温覆盖材料有哪些？如何根据当地气候条件进行合理选择？

第6章 设施内环境条件及调控

本章导读

本章主要介绍了设施内光照、温度、湿度、土壤和气体条件的特点及变化规律,还介绍了影响设施内小气候条件的主要因素。通过学习,要求学生了解设施内气候条件的变化特征,掌握根据作物生长习性和设施的小气候特点调控设施气候条件的措施,达到科学合理地利用设施,提高作物产量和品质,提高设施利用率及经济效益的目的。

设施内环境条件主要包括:光照、温度、湿度、气体和土壤条件。了解设施内环境条件的特点和变化规律,对我们在实际工作过程中,正确选择设施的类型、覆盖材料,合理设计设施的方位、屋面结构,调节好设施内的环境条件使其能更好地促进作物生长,提高作物产量、品质等,都有着积极的指导意义。

6.1 光照条件及调控

园艺设施的主要光源来自于太阳光能,因此当地的气候条件直接影响着设施性能的好坏和设施作用的发挥,也直接影响着园艺作物(种类)的生产。设施内的光照状况主要包括光照强度、光照分布、光照时间与光质等。其中,对设施生产影响较大的是光照强度和光照时间,光质主要受覆盖材料特性的影响,变化比较简单。

6.1.1 影响设施内光照条件的因素

1. 覆盖材料及其状态

覆盖材料指的是塑料大棚、温室等的透明采光覆盖物,是阳光进入设施内的第一关。因此,覆盖材料本身的特性不仅决定了设施透光率的高低,同时也影响到进入设施内的光质。透光率是指透过试样的光通量和射到试样上的光通量之比,用百分数表示。当阳光照射到覆盖物表面时，一部分太阳辐射能量被材料吸收，用于提高自身的温度；一部分太阳辐射能量被反射回空中而损失；余下的大部分太阳辐射能量透过透明覆盖材料进入设施内，因此，三者间的关系为：

$$吸收率 + 透光率 + 反射率 = 100\%$$

覆盖物的透光特性与其种类、状态、洁净程度等有关，不同覆盖材料以及不同状态下的透光特性见表6-1。

表6-1　不同覆盖物种类、不同状态下的透光特性

名　称	透光量/klx	透光率/%	吸收及反射率/%	露地光照/klx
透明新膜-1	14.9	93.1	6.9	16.0
透明新膜-2	14.4	90.0	10.0	16.0
稍污旧膜（使用1年）	14.1	88.1	11.9	16.0
沾尘薄膜	13.3	83.1	16.9	16.0
半透明膜	12.7	79.4	20.6	16.0
有滴新膜	7.5	73.5	26.5	10.2
洁净玻璃	14.5	90.6	9.4	16.0
沾尘玻璃	13.0	81.3	18.7	16.0

从表6-1中可以看出：① 新的或洁净的覆盖材料其透光率高，所以在生产上应采取相应的措施，经常保持覆盖物表面的清洁。② 落尘和附着的水滴均能降低透明覆盖物的透光率。落尘一般可降低透光率15%~20%。③ 薄膜内面附着的水滴也明显降低薄膜的透光率。④ 覆盖材料的老化（使用时间长的旧膜）也会降低透光率，一般薄膜老化可使透光率下降10%左右。

从表6-2中可以看出，附着的水滴除了对红外线有强烈的吸收作用外，还能增加反射率，水滴越大，对覆盖物的透光率影响越大。一般情况下附着水滴可使覆盖物的透光率下降20%~30%。由于昼夜温差引起设施内雾气的增加也是影响透光率的重要因素，据相关资料证明，雾气也可降低透光率20%以上，在生产中也应引起重视。

表6-2　水滴大小对太阳辐射透光率的影响

	露地	无滴膜	普通薄膜	
			水滴大小1~2 mm	水滴大小2~3 mm
透光率/%	100	90	62	57

2. 设施的结构

设施结构对设施的采光量有较大的影响，其中主要指设施的屋面角度、类型、方位、架材等对设施透光率的影响。

(1) 屋面角度

屋面角度主要影响太阳直射光在屋面的入射角(与屋面垂直线的夹角)大小,一般设施的透光量随着太阳光线入射角的增大而减小。特别是我国北方地区纬度较高,要使太阳的入射角为0°时,温室的屋面角必然很大。例如,北京某地区,地理纬度约为40°,冬至那一天的太阳高度角为26.5°,这样,入射角为0°时的温室屋面角为63.5°,这不仅建造起来比较困难,同时要求温室有一定的高度才能实现,造价高而且使用的效果不一定好。

在实际生产中,当入射角为0°时,透射率达到90%;入射角在0°~40°(一般反射率小于9%)范围内,透射率变化不大;入射角大于40°后,透射率明显减小;大于60°后,透射率急剧减小。因此,我们在设计温室时可参考以下计算方法:

透光量最大时的屋面角度(α)应该与太阳高度角互为直角,计算公式为:

$$\alpha = \varphi - \delta$$

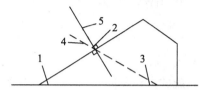

1:屋面角 2:太阳入射角 3:太阳高度角
4:入射线 5:法线

图 6-1　屋面角与太阳入射角

公式中的 φ 是纬度(北纬为正,南纬为负);δ 是赤纬,随季节变化。表6-3 为主要季节的赤纬。

表 6-3　季节与赤纬

	夏至	立夏 立秋	春分 秋分	立春 立冬	冬至
月/日	6/21	5/5　　8/7	3/20　　9/23	2/5　　11/7	12/22
赤纬	+23°27′	+16°20′	0°	-16°20′	-23°27′

按公式计算出的屋面角度一般偏大,无法建造,即使建造出来也不适用。由于太阳入射角在0°~40°范围内时,直射光的透过率差异不大,所以从有利于生产管理角度出发,一般实际屋面角度为理论角度减去40°~45°。以北纬39°某地为例,冬至时的适宜屋面角度应为22°27′~17°27′。

对于拱圆形屋面的塑料日光温室来说,采光面南北各点的入射角不一致,因此采光量也不一样,在实际设计时通常考虑其主要部位的角度即可。例如,棚体为拱圆形的前屋面一般要求底角为60°,腰角为30°,顶角为13°;后屋面的仰角为38°,即可满足其采光要求。

(2) 设施类型和材料

单栋温室和大棚的骨架遮阴面积较连栋温室或连栋大棚的要小,因此单栋结构的温室和大棚的透光率比连栋温室和大棚的要高;同样是单栋结构的温室和大棚,竹木结构、水泥结构的温室和大棚的骨架材料用量大,并且材料的规格也比较粗大,遮阴面大,因此透光量相应较少;钢架结构的温室和大棚的骨架材料规格小,用量也少,遮阴面积小,透光量较高,一般可比竹木结构的透光率增加10%以上。不同设施类型的透光性能比较见表6-4。此外,设施的透明覆盖物层次越多,透光量越低,双层薄膜大棚的透光量一般较单层薄膜大棚减少50%左右。

表 6-4　不同设施类型的透光性能比较

大棚类型	透光量/klx	与对照的差值	透光率/%	与对照的差值
单栋竹拱结构大棚	66.5	−3.99	62.5	−37.5
单栋钢拱结构大棚	76.7	−2.97	72.0	−28.0
单栋硬质塑料结构	76.5	−2.99	71.9	−28.1
连栋钢材结构大棚	59.9	−4.65	56.3	−43.7
对照(露地)	106.4		100.0	

3. 设施的方位

设施的方位不同,其一日中的采光量也不相同,通常日光温室都以坐北朝南、塑料大棚以南北向延长居多。在不同纬度的地区,由于冬季日出和日落的太阳高度角不一致,对温室的采光有一定的影响。因此,为了获得最大的采光量和增温保温效果,通常都将温室的方位正南偏东或偏西5°。一般来说,方位角每偏差1°,时间差约5 min,也即偏东1°,时间将提早5 min;而偏西1°则延迟5 min。具体来说,在南方低纬度地区通常向东偏5°,以充分利用上午的太阳光能;在北方高纬度地区则向西偏5°,以充分利用下午的太阳光能,同时有利于提高夜温,增强夜间的保温能力。

从表 6-5 中可看出,东西延长的塑料大棚在一年的主要季节,其采光量都大于南北延长的大棚,因此温度也相应较高。

表 6-5　不同方位塑料大棚内的照度比较(%)

方　位	清明	谷雨	立夏	小满	芒种	夏至
东西延长	53.14	49.81	60.17	61.37	60.50	48.86
南北延长	49.94	46.64	52.48	59.34	59.33	43.76
比较值	+3.20	+3.17	+7.69	+2.03	+1.17	+5.1

6.1.2　设施内的光照分布特点

设施内的光照分布与设施结构、设施方位等有密切关系,总体来说,越接近透明覆盖物,其光照越强,越接近地面,由于受到栽培作物等的影响,其光照越弱。

1. 温室内的光照分布特点

单屋面温室的等光线(光照强度相等点线的连线)与前屋面平行。但由于受温室内不同部位的屋面角度大小、后屋面的角度和长短、侧墙以及栽培作物的不同影响,温室内各部位的光照存在着明显的差异。西北农业大学温室课题组于1992年1月调查陕西咸阳温室光照分布情况的结果表明,南面前排光照占总光量的45%,中排占40%,后排占15%,光照存在明显差异;从东西方向来看,由于受东墙和西墙的影响,靠近东墙和西墙的部位相对光照较弱,而在中部则光照较强;垂直方向上,不同部位的光照差异也比较明显,一般由下而上,光照逐渐增强(见表6-6)。

表6-6 温室内垂直方向不同部位的光照度

设施内的位置	西葫芦区		黄瓜区			露地
	地面*	上部**	地面	架中部	架上部	
南 部	15.0	26.0	8.6	23.2	23.5	
中 部	13.0	26.0	4.7	19.0	22.5	47.0
北 部	10.5	26.0	4.2	15.3	21.0	

注：* 1995年3月30日观察于山东省昌潍农业学校实习基地；** 薄膜下50 cm处。

由表6-6可以看出，蔬菜的栽培方式对温室内光照分布的影响很大。利用高架栽培黄瓜时，叶面积指数大，上部叶片对中下部的遮光比较严重，地面光照较弱，仅为爬地西葫芦区的40%左右，故冬季搭架或引蔓栽培蔬菜时，要进行合理密植、及时进行植株调整、摘除老叶病叶、利用有反光作用的地膜等，有利于提高植株中下部的光照强度。

2. 塑料大棚内的光照分布特点

塑料大棚的方位主要有南北延长和东西延长两种，因此光照的分布相对日光温室来说较为简单，其光照分布的主要特征从表6-7、6-8中可以清楚地看出。

表6-7 东西延长(南北向对称棚)棚内各部位透光率

项 目	棚 外	棚南部	棚北部
太阳辐射能 /(J·cm^{-2}·min^{-1})	1.465 4	0.707 6	0.347 5
透光率/%	100	48.29	23.90

表6-8 南北延长(东西向对称棚)棚内各部位透光率

项 目	棚外	棚西部	棚中部	棚东部	棚外	棚南部	棚北部
太阳辐射能 /(J·cm^2·min^{-1})	3.412 2	1.796 1	1.863 1	1.804 5	3.127 5	1.034 1	1.034 1
透光率/%	100	52.64	54.60	52.88	100	33.06	33.06

6.1.3 光照对设施栽培园艺作物生长的影响

光照对设施内栽培的园艺作物影响很大，特别是在覆盖了透明覆盖物，如玻璃、塑料薄膜、PC板等以后，使设施内的光照强度下降、光照时间缩短、光质也发生了相应的变化。因此，在栽培管理上应根据光照条件的特点采取相应的技术措施，这样才能取得优质高产。

1. 光照时数

设施内的光照时数是指设施内受光时间的长短。设施内的光照时数与设施的类型、设施的方位、地理位置、栽培方式等有密切的关系，总体上来说比自然的光照时数要短。例如，单栋大棚或连栋塑料大棚，在无其他覆盖保温的情况下，其光照时数与外界接近；再如利用大棚套小拱棚育苗，外加草苫覆盖保温的情况，为了提高夜间温度往往在下午提早覆盖草苫，在上午时延迟揭开草苫，设施内的光照时数明显减少。光照时数的长短不仅影响到作物的光合作用和产量，同时还影响到作物本身的生理生化反应，从而影响作物的开花结果。因此，在设施栽培过程中，加强对光照时数的调节是非常必要的措施。表6-9所示为我国不同地区日照时数和日照百分率的比较；表6-10所示为我国北方辽南地区日光温室揭草苫时间与一天的光照时数。

表6-9 不同地区日照时数和日照百分率比较表

地 区	全年平均		最小月份			最大月份		
	日照时数/h	日照百分率/%	月份	日照时数/h	日照百分率/%	月份	日照时数/h	日照百分率/%
北京市	2 780.2	63	11、12	192.8	65.5	5	290.6	65
山东寿光	2 548.8	57	12	173.0	58	5	270.6	62
浙江杭州	1 800~2 100	41~48	12、1、2	<150	<50	7、8	230~260	55~60
江苏苏州	1 965.0	44	2	119.1	42	8	240	49
江西广丰	1 881.5	42	12	94.4	—	8	259	64
成都金堂	1 295.5	29	12	60.5	19	8	178.4	44

注：太阳中心从出现在一地的东方地平线到进入西方地平线，其直射光线在无地物、云、雾等任何遮蔽的条件下，照射到地面所经历的时间，称为"可照时数"。太阳在一个地方实际照射地面的时数，称为"日照时数"。日照时数以小时为单位，可用日照计测定。日照时数与可照时数之比为日照百分率，是衡量一个地区的光照条件的重要指标。

表6-10 北方地区日光温室揭草苫时间与一天的光照时数（辽南）

月 份	揭草苫时间	一天的光照时数/h
12	08：00~08：30	6.5
1	08：30	6~7
2	07：30~08：00	9
3	07：00	10
4	06：30	13.5

2. 光周期

光周期现象是指植物对周期性的、特别是昼夜间的光暗变化及光暗时间长短的生理响应特点，尤指某些植物要求经历一定的光周期才能形成花芽的现象。白昼与黑夜的交替，作为一个信息作用于植物，不仅对植物的花芽分化、开花有诱导作用，而且对有些植物的地下块根、块茎等营养器官的形成起一定的诱导作用。根据植物对光周期的反应，可将植物分为以下三大类：

(1) 长光照植物

长光照植物是一种必须经过一段较长的白天和较短的黑夜方能开花、结果的植物，通常要求光照时数在 12～14 h 以上。在园艺类作物中属于长日照的植物较多,如青菜、大白菜、葱、蒜、唐菖蒲等。

(2) 短光照植物

短光照植物是一种必须经过一段较长的黑夜和较短的白天方能开花、结果的植物,通常要求光照时数少于 12～14 h。常见的园艺作物有扁豆、豇豆、茼蒿、菊花、一品红等。

(3) 中光照植物

这类植物对光照时数要求不严,适应范围较广,如茄果类蔬菜、黄瓜、菜豆等。

因此,在设施栽培中,可根据植物对光周期的不同反应,采取合理的技术措施来满足植物对光照条件的要求。例如,通过人工补光或通过早揭晚盖来延长光照时间;通过早盖晚揭或通过覆盖创造一个近于黑暗的条件来缩短光照时间等,从而达到促进作物早开花、早结果的目的;在花卉栽培上则能起到调节花期的目的,提早或延迟开花时间。

3. 对光照强度的要求

光照强度与光合作用有密切的关系,通常随着光照强度的增加,植物的光合作用也随之增强;但当光照强度增加到一定程度时,即使光照强度再增加,其光合作用也不再增加了。

但是不同的园艺植物对光照强度的要求是不一样的,也即不同植物的光补偿点和光饱和点不一样。在蔬菜学上,根据蔬菜植物对光照强度的要求不同可将蔬菜分为四类:

① 要求强光照的,如瓜类、茄果类、豆类、薯芋类。
② 对光照要求中等的,如大蒜、大葱等葱蒜类和结球甘蓝、大白菜等。
③ 对光照要求较弱的,如姜、绿叶菜类等。
④ 喜好弱光照的,如大多数食用菌。

在花卉园艺上,也根据花卉植物对光照强度的不同要求将其分为三类,详见表6-11。

表6-11 花卉对光照要求的特点分类

分 类	对光照要求的特点	常见花卉植物
阳性花卉	该类花卉需要充足的光照,必须在完全的光照下生长,否则生长不良。原产于热带及温带平原上、高原南坡上以及高山阳面岩石上生长的花卉均为阳性花卉	多数露地一、二年生花卉(月季、石榴、梅花、玉兰、紫薇等)、宿根花卉以及仙人掌科、景天科和番杏科的多浆植物
阴性花卉	该类花卉要求在适度荫蔽下方能生长良好,不能忍受强烈的直射光线,在夏季大都处于半休眠状态,需遮阴养护,否则叶片易焦黄枯亡。它们多原产于热带雨林下或分布于林下及阴坡	蕨类植物、兰科植物、苦苣苔科、凤梨科、姜科、天南星科以及秋海棠科的植物
中性花卉	该类花卉在充足的阳光下生长最好,但亦有不同程度的耐阴能力,但在日照强烈时节,略加遮阳则生长更加良好	草本花卉如萱草、楼斗菜、桔梗、白芨等;木本花卉如罗汉松、八角金盘、扶桑、桃叶珊瑚、山茶、杜鹃等

4. 光质及光分布对作物的影响

一年四季中,光的组成由于气候的改变而有明显的变化。例如,紫外光的成分以夏季的阳光中最多,秋季次之,春季较少,冬季则最少。夏季阳光中紫外光的成分是冬季的20倍,而蓝紫光比冬季仅多4倍。因此，这种光质的变化可以影响到同一种植物不同生产季节的产量及品质。

光质除了与季节有关外，还与覆盖材料有密切的关系。塑料薄膜的可见光透过率一般为80%~85%，红外光为45%，紫外光为50%，聚乙烯和聚氯乙烯薄膜的总透光率相近，所差无几。但聚乙烯膜部分红、紫外光透过率稍高于聚氯乙烯膜，散热快，因而保温性较差。玻璃透过的可见光为露地的85%~90%，红外光为12%，紫外光几乎不透过，因此玻璃的保温性优于薄膜。有色薄膜能改变透过的太阳光的成分。例如，浅蓝色膜能透过70%左右可见光的蓝绿区部分和35%左右的600 nm波长的光；绿色膜能透过70%左右可见光的橙红区和微弱透过600~650 nm波长的光。表6-12所示为不同颜色聚氯乙烯薄膜透光率占300~700 nm透光率的百分率。

表6-12 不同颜色聚氯乙烯薄膜透光率占300~700 nm透光率的百分率

波段/nm	蓝膜	红膜	绿膜	黄膜	白膜
300~380	3.3	3.0	3.3	2.6	3.7
400~440	13.3	11.1	12.0	6.5	11.7
460~480	10.1	8.1	4.4	5.7	11.5
500~560	19.0	12.3	20.0	19.4	18.1
580~620	11.4	13.9	13.5	16.3	14.0
640~700	17.3	20.1	17.1	22.0	19.2
720~800	25.0	26.1	24.7	27.7	24.6
600~700	25.2	30.0	25.7	38.0	19.8
400~700	96.7	97.9	96.7	97.4	96.3

从表6-13可以看出，不同颜色的聚氯乙烯薄膜对黄瓜霜霉病都有一定的抑制作用。

表6-13 不同颜色薄膜大棚对黄瓜霜霉病发病率的影响

项目	白膜	黄膜	绿膜	蓝膜	红膜
发病指数	0.156	0.108	0.118	0.114	0.136
发病率/%	100.0	63.30	75.60	73.00	87.01

注：薄膜为氯乙烯有色膜。

光质还会影响蔬菜的品质，紫外光与维生素C的合成有关，玻璃温室栽培的番茄、黄瓜等的果实维生素C含量往往没有露地栽培的高，就是因为玻璃阻隔紫外光的透过，塑料薄膜温室的紫外光透过率就比较高。光质对设施的园艺作物的果实着色有影响，颜色一般较露地栽培淡，如茄子为淡紫色。番茄、葡萄等也没有露地栽培风味好，味淡，口感不甜。

从表6-14可以看出，不同颜色的聚氯乙烯薄膜大棚对黄瓜产量及品质的影响较大。

表6-14　不同颜色聚氯乙烯薄膜大棚对黄瓜产量及品质的影响

项　目	薄膜颜色				
	白膜	黄膜	绿膜	蓝膜	红膜
总产量/kg	228.70	231.50	205.00	165.70	199.50
株数/株	612.00	573.00	5 367.00	536.00	527.00
单株产量/kg	0.374	0.404	0.382	0.309	0.379
单株增产率/%	0.00	+8.20	+2.30	-17.30	+1.30
干物质/%	3.70	4.00	4.20	4.20	3.90
还原糖/%	2.70	2.20	2.60	2.90	2.60
维生素C/%	0.128	0.123	0.138	0.138	0.162
叶绿素/(mg·g^{-1})	0.696	0.752	0.76	0.648	0.658

注：叶绿素为鲜质量；表6-12、6-13、6-14引自徐师华、王修兰、吴毅明：《不同光质（光谱）对作物生长发育的影响》，中国生态农业学校。

6.1.4　设施内光照条件的调控

1. 增加光照的措施

（1）合理的设施结构和布局

根据不同地区的具体气候特点，合理选择相应的设施类型和设施结构；合理选择设施建设场所；合理设置大棚群或温室群，以此来增加设施的自然采光量，增强设施的保温性能。

（2）合理选用透明覆盖物

各种不同的薄膜，其透光性、保温性都存在着较大差距，因此，可以选择耐老化性能强、防雾效果好、无滴的薄膜来增加透光性。不同颜色的薄膜，其透光率也不一样，我们可根据栽培植物的要求，合理选用。

前面已经说明，薄膜在受水滴、灰尘等污染后，可明显地降低其透光率，因此，要经常保持覆盖物表面清洁。定期清除覆盖物表面上的灰尘、积雪等，是提高设施光照强度的重要措施。保持塑料薄膜膜面平紧，减少光的反射；在地面铺设具有反光作用的地膜，可增加植物群体中下部的散射光，如铺银灰色地膜、黑白双色地膜等；在设施的内墙或风障南面等张挂反光薄膜，可使北部光照增加50%左右；将温室的内墙面、立柱表面等涂成白色，可增加反射光的能力，改善设施内的光照分布。

（3）加强田间管理

采取合理的农业措施和科学的管理方法，都有助于设施内光照的提高。例如，由于设施内生长环境长期保持较为适宜，植物在设施内生长的时间相对较长，因此，植株生长旺盛，栽培时可适当稀植；可采用搭架、引蔓的栽培方法来相应提高种植密度，但应及时进行整枝、摘除老叶和病叶等，提高植株间的通风、透光性；在保证设施内温度的前提下，早晨应早揭草苫，下午应晚盖，延长光照时间。总之，应根据作物对光照强度、光周期的反应等特点，科学

合理地进行管理,才能达到预期的栽培目的和目标。

2. 遮阴

遮阴的主要作用是降低设施内的光照强度,使其能较好地适应作物对光照强度的需求;同时在炎热季节通过遮阴也可起到降低设施内温度的作用。目前,生产上使用的遮阴材料主要有遮阳网、苇帘、芦帘等。另外,塑料大棚和温室还可以采取薄膜表面涂白灰水、白涂料或泥浆等措施,减少其透光量,达到减弱光强、降低室温的作用。一般薄膜表面涂白面积为30%~50%时,可减弱20%~30%的光照。

6.1.5 人工补光

人工补光主要是在连续阴雨天气,设施内的光照强度明显不能满足作物对光照的需求,影响作物生长,或作物生长的特殊时期,或为了促进作物发育需要延长光照时进行补光。根据不同的补光目的,所采用的光源有较大的差别,应加以了解和区分。如冬季采用高压钠灯在全生育期进行 12 h 的 500 lx 补充光照,可有效地促进唐菖蒲生长和花芽发育,花茎长度和每穗开花数基本上达到了冬季鲜花市场的需求,但是其所需的光照强度明显低于唐菖蒲光合作用的光补偿点。

对于促进作物光合作用的人工补光来说,首先,灯源所发出的光照强度必须大于该作物光合作用的光补偿点;其次,最理想的是采用多种光源的组合,模拟该作物生长发育最适的光谱,也即光源的光谱特性与作物产生生物效应的光谱灵敏度尽量吻合,以便最大限度地利用光源的辐射能量;第三,由于补光增加了设备的投资和生产成本,所以一定要考虑其经济效益和可行性。

1. 温室常用光源

(1) 白炽灯

白炽灯由灯泡、电源引出线、灯丝构成,是靠通电后灯丝发热至白炽化而发光的。白炽灯的光谱是连续光谱,能量主要是红外线辐射(占总能量的 80%~90%),生理辐射只占总辐射量的 10%~20%,其中主要是橙红光,蓝紫光很少,几乎无紫外线,主要作为辅助光源。

(2) 荧光灯

荧光灯的发光原理:点灯(启动)时,电流流过电极并加热,从灯丝向管内发射出热电子,并开始放电,放电产生的流动电子跟管内的水银原子碰撞,发生紫外线(253.7 nm),这种紫外线照射荧光物质,变成可见光,随着荧光物质的种类不同,可发出多种多样的光色。

普通荧光灯的光谱主要集中在可见光区域,其成分一般为 16.1% 的蓝紫光、39.3% 的黄绿光、44.6% 的红橙光,是目前使用最普遍的一种光源。例如,采用卤磷酸荧光粉制成的白色荧光灯,其辐射波长范围为 350~750 nm。

(3) 碘钨灯

碘钨灯的发光原理与白炽灯一样,由灯丝作为白炽灯发光体,但管内充有微量碘,在高温条件下,利用碘循环而提高发光效率和延长灯丝寿命。性能特点是功率大,光通稳定,发光效率高,故障少,寿命长(为白炽灯泡的 2~3 倍),为温室常用光源之一。

(4) 高压气体放电灯

气体放电是指电流通过气体时的放电现象。利用气体放电发光的原理制成的灯就叫气体放电灯。由于所用气体不同,气体放电灯的种类较多,主要有水银灯(汞灯)、钠灯、氙灯、金属卤化物灯、生物效应灯等,它们的辐射光谱都是线状的,可用于温室的照明和人工补光。表 6-15 所示为常见灯源的光能量输出功率。

表 6-15　常见灯源的光能量输出功率

灯 型	输入功率/W		输出功率/W			
	标注功率	总计	400～500 nm	500～600 nm	600～700 nm	总计
白炽灯	100	100	0.8	2.2	3.9	6.9
40 W 荧光灯 CW	40	50	2.7	4.5	1.9	9.2
荧光灯 CW(1.5 A)	215	235	13.5	22.5	9.5	46
汞磷灯	400	425	11.6	28.4	18.3	58.4
金属卤灯	400	425	26.6	50.3	12.1	88.7
高压钠灯	400	425	10.3	55.3	39.6	105

2. 光源的选择

通过表 6-16 我们可以了解到各种不同长度的光波辐射对作物生长发育有着不同的反应,因此,可根据作物对光谱的需求特性、栽培目的和具体的天气状况,合理地选用灯源。光源的选用应本着两个原则:补光的目标效益明显;光源的性能稳定,价格可行。

表 6-16　各种光谱成分对植物的作用

光谱/nm	植物生理效应
>1 000	被植物吸收后转变为热能,影响有机体的温度和蒸腾状况,可促进干物质的积累,但不参加光合作用
1 000～720	对植物伸长起作用,其中 700～800 nm 辐射称为远红外光,对光周期及种子的形成有重要作用,并控制开花及果实的颜色
720～610	(红、橙光)被叶绿素强烈吸收,光合作用最强,某种情况下表现为强的光周期作用
610～510	(主要为绿光)叶绿素吸收不多,光合作用效率也较低
510～400	(主要为蓝、紫光)叶绿素吸收最多,表现为强的光合作用与成形作用
400～320	起成形和着色作用
<320	对大多数植物有害,可能导致植物气孔关闭,影响光合作用,促进病菌感染

补光的目的通常有两个:一是以抑制或促进作物花芽分化、调节开花时期,即以满足作物光周期的需要为目的。这种补光一般要求有红光,光照度要求比较低,只要有几十勒克斯的光照度就可满足需要,多用白炽灯、普通荧光灯。二是以促进作物光合作用、促进作物生长、补充自然光照不足为目的。这种补光对光源的要求是光照强度应高于植物的光补偿点,

一般在 3 000 lx 以上;各种光源的光照度具备一定的可调性,模拟出近似于太阳光的连结光谱。作为促进作物光合作用的补光,一般多使用高压气体放电灯、荧光灯。另外,作物种类和品种不同,对光照度的要求及对光谱特性的要求也不相同。因此,选取光源时应充分考虑作物的种类及不同生长期对光照的需要,充分提高光源的光能利用率。

补光的光照度与灯源、灯的高度、灯的多少有关。例如,用 40 W 水银荧光灯,置于高 0.9 m 的种植台上方 1.1 m 处,灯与灯的中心相距 1 m,这种设置可获得 6 300 lx 的光照度。另外,应注意的是补光时间并不是越长越好,应根据作物种类,从实践中探索最佳补光时间。表 6-17 所示为蔬菜温室人工补光参数。

表 6-17 蔬菜温室人工补光参数

蔬菜种类	幼苗		植株	
	光照度/lx	光照时间/h	光照度/lx	光照时间/h
番茄	3 000~6 000	16	3 000~7 000	16
生菜	3 000~6 000	12~14	3 000~7 000	12~14
黄瓜	3 000~6 000	12~14	3 000~7 000	12~14
芹菜	3 000~6 000	12~14	3 000~7 000	12~14
茄子	3 000~6 000	12~14	3 000~7 000	12~14
甜椒	3 000~6 000	12~14	3 000~7 000	12~14
花椰菜	3 000~6 000	12~14	3 000~7 000	12~14

注:引自邹志荣、饶景萍等编著的《设施园艺学》。

3. 缩短光照的措施

在生产实践中,不仅仅是人工补充光照,有时为了调整作物的发育时期也要采用缩短光照的措施。利用缩短光照的方法可以促进短日照作物提早开花、结果,对于观赏植物来说可以调节其开花时期,从而提高观赏性和经济效益,如在一品红、菊花的生产上可经常采用。

缩短光照的技术措施相应较简单,主要是利用黑色的地膜、遮阳网、园艺地布等进行覆盖,为植物创造一个近似于完全黑暗的环境,达到缩短环境光照的目的。在具体运用时,一般要求注意:① 防止高温危害,因为缩短光照处理多在夏、秋季光照时数较长的季节进行,覆盖后容易引起通风差、高温、高湿,影响作物的正常生长;② 覆盖过程中要注意防止其他光源的进入,导致黑暗效应的逆转;③ 应掌握好覆盖时间,防止覆盖时间过长而影响作物的光合作用,营养生长不良,开花结果反而延迟。

6.2 温度条件及调控

6.2.1 设施内热量的来源与支出

1. 设施内热量的来源

设施内的热量主要来自太阳光能和人工加温。

(1) 温室效应

白天,当太阳光线照射到透明覆盖物表面上后,一部分光线透过覆盖物进入设施内,照射到植株、地面和设施内其他物体上,植株、地面等获得太阳辐射能量后,温度开始升高;随着温度的升高,地面和植株等其自身也放出长波辐射,使气温升高。由于设施的封闭或半封闭作用,使设施内外的冷热空气交流微弱,同时由于透明覆盖物对长波辐射透过率较低的特性,而使大部分长波辐射保留在设施内,从而使设施内的气温升高。设施的这种利用自身的封闭空气交流和透明覆盖物阻止设施内的长波辐射特性,而使设施内部的气温高于外界的现象,称为"温室效应"。据有关资料显示,在"温室效应"形成的两个因素中,前一个因素的作用占72%,后一个因素的作用占28%。

我国北方冬季土地封冻,北纬40°地区,一般冻土层为70~80 cm,最深的可达1 m,日光温室内地温却在10 ℃以上。辽宁省熊岳农业高等专科学校于1996年12月下旬测试,当露地0~20 cm深的平均地温降到-2.7 ℃时,温室内平均为10.8 ℃,比外界高13.5 ℃,这种现象称为热岛效应。热岛效应的好坏决定了设施冬季保温性能的优劣。

温室效应受到许多因素的影响,主要有天气、设施类型、地理位置、季节等的影响。例如,晴天的太阳辐射较强,设施的增温速度快,增幅也比较高;一般大型设施的内部空间大,蓄热能力强,升温缓慢,降温也比较慢;而小型设施,其内部空间小,蓄热量少,升温比较快,温度高,但降温也比较快;由于玻璃的透光率比一般塑料薄膜要高,同时其远红外光的透过率较低,因此利用玻璃覆盖,通常增温和保温作用比塑料薄膜要强;东西向延长的塑料大棚较南北向延长的塑料大棚日采光量大,升温幅度也高。

(2) 人工加温

在现代温室生产中,为了保证冬季正常生产常采取人工加温的措施。人工加温的方法很多,常用的有热水加温、火道加温、燃油热风加温等。在大型现代化温室中,加温主要采用锅炉热水加温法,其特点是升温较慢,但降温也慢;通过管道的铺设易使设施内温度分布较为均匀,温度较为稳定。对于设施面积较小的、临时性加温,通常可采用燃油热风加温法和火道加温法,其特点是升温快,降温也快,温度波动比较大。

人工加温增加了许多生产成本,因此,除了考虑加温设备的加温能力外,还应考虑如何充分利用当地的自然资源,与提高设施的保温性能、保温措施结合起来,在不影响正常生产的前提下,尽可能缩小加温的立体空间等。据试验,温室的高度每增加1 m,温度升高1 ℃所需要的能量相应增加20%～40%。

2. 热量支出

设施内的热量支出途径主要有：通过地面、覆盖物、作物表面的有效辐射失热；通过覆盖物的惯流放热；通过设施内的土壤表面水分蒸发、作物蒸腾、覆盖物表面蒸发，以潜热的形式失热；通过保护地内通风换气将湿热（由温差引起的热量传递）和潜热（由水的相变引起的热量传递）排出；通过土壤传导放热等。

(1) 辐射放热

辐射放热主要是在夜间，以有效辐射的方式向外放热。在夜间的几种放热中，辐射放热的比例很大。辐射放热受设施内外的温差大小、设施表面积以及地面面积、日光温室后屋面、后墙面积等的影响比较大。

不加温时，设施的辐射放热量计算公式为：

$$Q = F_c(S+D)/2$$

式中，Q为整个设施的辐射放热量；F_c为放热比，计算公式为S/D；S为设施的表面积（m^2），在日光温室中，S主要表示前采光面的面积；D为设施内的地表面积（m^2），在日光温室中，由于后墙和后屋面也具备贮存太阳热量的功能，因此，D实际上是设施地表面积、后墙面积和后屋面面积三者之和。

在实际生产中，大棚的放热比较大，最小值为1，保温性能差；而日光温室的放热比则较小，有时远远小于1，保温性能好。这也就说明了日光温室在寒冷的冬季其保温性能要比塑料大棚好的原因。

(2) 惯流放热

惯流放热，即设施内的热量以传导的方式，通过覆盖材料及围护材料向外散放热量的过程。惯流放热的快慢受覆盖材料及围护材料的种类、状态（如干湿）、厚度、设施内外的温度差、设施外的风速等因素的影响。材料的惯流放热能力的大小一般用热惯流率来表示。

热惯流率是指材料的两面温度差为1℃时，单位时间内单位面积上通过的热量，单位为$kJ \cdot m^{-2} \cdot h^{-1} \cdot ℃^{-1}$。

材料的热惯流率越大，惯流放热越快，惯流放热量也越大，保温性能越差。表6-18为几种结构及覆盖材料的热惯流率，供建造温室时参考。

表6-18 几种结构及覆盖材料的热惯流率

材料种类	规格/mm	热惯流率/($kJ \cdot m^{-2} \cdot h^{-1} \cdot ℃^{-1}$)	材料种类	规格/cm	热惯流率/($kJ \cdot m^{-2} \cdot h^{-1} \cdot ℃^{-1}$)
玻璃	2.5	20.9	砌墙（一面抹灰）	厚38	5.8
玻璃	3～3.5	20.1	砌墙（二面抹灰）	厚26	7.1
玻璃	4～5	18.8	一砌清水墙	厚24	7.9
聚氯乙烯	单层	23.0	土墙	厚50	4.2
聚氯乙烯	双层	12.5	空心墙	厚61	2.5
聚乙烯	单层	24.2	钢筋混凝土	5	18.4

续表

材料种类	规格/mm	热惯流率/(kJ·m⁻²·h⁻¹·℃⁻¹)	材料种类	规格/cm	热惯流率/(kJ·m⁻²·h⁻¹·℃⁻¹)
合成树脂板	FRP、FRA	20.9	钢筋混凝土	10	15.9
合成树脂板	MMA	14.6	木条	厚5	3.8
草苫	厚40~50	12.5	木板墙	厚21	4.2

设施外的风速大小对惯流放热的影响也很大,风速越大,惯流放热越快。例如,导热率为 2.84 kJ·m⁻²·h⁻¹·℃⁻¹ 的玻璃,当风速为 1 m/s 时,热惯流率为 33.44 kJ·m⁻²·h⁻¹·℃⁻¹;当风速为 7 m/s 时,热惯流率为 100.32 kJ·m⁻²·h⁻¹·℃⁻¹。所以,在低温、多风地区要加强设施的防风措施,防止冷风的侵袭,可有效提高设施的保温能力。

(3) 通风换气放热

通风换气放热包括由设施的自然通风或强制通风、建筑材料裂缝、覆盖物破损、门窗缝隙等渠道进行的热量散放。它分为显热失热和潜热失热两部分,主要为显热失热,潜热失热很小,一般忽略不计。

换气散失热量的计算公式为:

$$Q = RVF(t_r - t_o)$$

式中,Q 为整个设施单位时间内的换气热量损失量;R 为换气率,即每小时的换气次数;V 为设施的体积(m^3);F 为空气比热,$F = 1.29$ kJ·m⁻³·℃⁻¹;$t_r - t_o$ 为设施内外的温度差值。

设施在密闭状态下的换气率(次/h)与设施类型、覆盖层数有关。例如,玻璃温室在单层覆盖情况下,换气率为 1.5,而在双层覆盖时,换气率降为 1.0;塑料大棚在单层覆盖时,换气率为 2.0,而在双层覆盖时降至 1.1。此外,风速对换气率的影响也很大,风速增大时,换气散热量增大。

(4) 土壤传导失热

土壤传导失热包括土壤上下层之间以及土壤横向传导失热,对设施温度影响较大的是横向传导失热。据报道,土壤横向传导失热量约占总失热量的 5%~10%。土壤传导失热受土壤的质地、成分、湿度以及设施内外温差值大小等因素的影响。例如,湿度较大且黏重的土壤,其横向传导失热较快;砂质土壤、含有机质丰富、湿度较低的土壤其相应的土壤传导失热较慢。在生产中,常在温室的四周挖深沟,在沟内填充有机物后覆土,并用薄膜覆盖来保持有机物的相对干燥,以此来提高温室的保温性。

图 6-2 为温室白天和夜间的热量收支示意图。

3. 设施保温比

设施保温比是衡量设施保温性能的一项基本指标,保温比越大,说明温室的保温性能越好。温室保温比是指热阻较大的围护结构覆盖面积和土地面积之和与热阻较小的透光材料覆盖表面积的比值。对于塑料薄膜大棚来说,其保温比就是设施内的土地面积(D)与设施覆盖表面积之比,因此,保温比都小于 1。一般单栋温室的保温比为 0.5~0.6;连栋温室的保温比为 0.7~0.8。

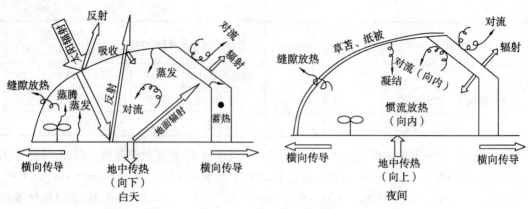

图 6-2 日光温室热平衡示意图

对于日光温室来说，由于其后坡及后墙都有很好的蓄热作用，与土壤一样，在夜间能释放出热量来补充空气温度的下降，因此，其保温比是土地面积加后坡面积及围护墙体面积之和与采光覆盖面积的比值，其值常常大于 1。从设施的保温比就可以看出，为什么在我国北纬 40°以南地区，日光温室内冬季不加温或仅用少量临时加温即可种植喜温果菜且能安全越冬，其主要原因就在于此。

4. 地-气热交换

白天，当太阳辐射透过透明覆盖物进入设施后，植物的光合作用吸收了一部分，一部分阳光照射到地面上被土壤吸收，使地表温度升高。地表温度升高后，一部分土壤吸收的热能继续向土壤深层传导、贮存；一部分则以长波辐射的形式反射回设施内，提高了空气的温度。由于透明覆盖物的阻挡作用，大部分辐射被保留于设施内，使得设施内的空气温度迅速升高。当空气温度高于土壤温度时，空气中的热量则又向土壤传递，促进土壤温度的提高，形成了空气温度与土壤温度互相依存的格局。据调查，白天改良型日光温室内的气温平均每升高 4 ℃，15 cm 深土层内的地温上升 1 ℃，大量的热能被贮存于土壤内。

夜间，在不进行加温的情况下，设施得不到外来热能的补充，但辐射放热、惯流放热、换气放热等作用仍在进行，使得设施内的气温下降。为了维持一定的气温，此时，白天土壤、墙体中等贮存的热量慢慢释放出来，故夜间设施内的地温高于气温，土壤贮热性能的好坏和贮热量的大小就决定了设施内夜间气温的高低。据调查，改良型日光温室内夜间气温每下降 4 ℃，15 cm 深土层内的地温平均下降 1 ℃。

因此，在实际生产中可通过改良土壤、增加有机肥的使用、采用地膜覆盖、科学灌溉、合理调整作物布局等措施，提高土壤的贮热能力，从而提高温室夜间的保温性。

6.2.2 设施内温度分布的特点

1. 设施内温度的变化规律

（1）气温的日变化规律

在实际生产中，由于作物对生长环境有一定的温度要求、受实际气候条件的影响、管理目标的变化等，常通过自然通风、强制通风、遮阳覆盖等措施来调节设施内的温度，以达到作物生长理想的温度范围,因此,在一天中的温度变化经常随着管理措施而发生变化,相应比较复杂。

对于不同类型的设施来说,大型设施由于其空间比较大,土壤和空气的贮热能力比较强,因此其温度变化比较缓慢,即白天升温慢,夜间降温也慢,日较差小;相反小型设施的空间较小,对热能的缓冲能力较弱,所以白天升温快,夜间降温也快,日差大,不利于作物的正常生长,同时管理也比较烦琐。据调查,在密闭状态下,小拱棚春天的最高气温可达50 ℃,大棚只有40 ℃左右;在外界温度为10 ℃时,大棚的日较差约为30 ℃,小拱棚高达40 ℃。

无论是大型设施还是小型设施,其设施内一天的最高气温都出现在13时前后,最低温度都是在日出前或揭草苫前;通过加强覆盖或采用多层覆盖等措施,都能有效地提高设施的保温能力。设施内的气温变化与季节变化呈同步变化现象。

(2) 地温的日变化规律

一日中,设施内的地温是随着气温的变化而发生变化的,其变化规律与气温相似。一日中,最高地温一般比最高气温晚出现2 h左右。最低地温较最低气温也晚出现2 h左右。晴天光照充足时,地表地温最高,向下随深度的增加而降低。地表最高温度出现在13时,5 cm深土层处的最高地温出现在14时,10 cm深土层处的地温最高值出现在15时左右。地温的日较差以地表最大,向下随深度的增加而减少,在20 cm深土层处的日较差很小。

此外,设施内地温的季节变化规律也非常明显,从冬季到春季,随着外界气温的升高,地温也升高;不同的天气状况,设施内的地温也有明显的差异。以改良型日光温室为例,一般冬季晴天温室内10 cm深土层处的地温为10 ℃ ~ 23 ℃,连续阴天时的最低温度可低于8 ℃。春季以后,气温普遍升高,地温也随之升高。

(3) 地温与气温的关系

设施内的气温与地温表现为"互利关系",气温升高时,土壤从空气中吸收热量,地温也升高;当气温下降时,土壤则向空气中放热来维持气温。低温期提高地温,能够弥补气温偏低的不足,一般地温提高1 ℃,对作物生长的促进作用相当于提高2℃ ~ 3 ℃气温的效果。

2. 设施内温度的分布

(1) 气温的水平分布

据河北师范大学杨献光等人的研究表明,在日光温室中,气温的水平分布(南北跨度上)较为均匀,温度变化不大,温度极差最高值出现在上午10时,其极差为1.71 ℃;从温度的水平分布平均值可以看出:距南膜约0.5 m处温度最高,距南膜约1.5 m处温度最低,但极差仅为0.4 ℃。在东西方向上,由于受光辐射量、受光时间、山墙的遮阴、进出口等的不同和影响,各部位的温度也有较大差异,通常以中部温度最高,东墙、西墙附近温度最低。夜间在不加温的条件下,设施内一般中部温度高于四周。

(2) 气温的垂直分布

设施内气温垂直方向的变化要比水平方向的变化剧烈得多。大致规律是:白天由于阳光照射的作用,上部温度较高,下部温度较低;越是靠近薄膜的部位其在一天中的温度变化越大;越是靠近中下部的地方,其一天中的温度变化越小。夜间,由于热岛效应,靠近地表的气温最高;而靠近薄膜的地方,由于惯流放热、有效辐射的作用,因此温度最低。

(3) 地温的水平分布

日光温室内由于光照水平分布的差异、各部位接受太阳光的强度和时间长短、与外界土壤邻接的远近不同,以及受温室进出口的影响,地温的水平分布表现为:5 cm 深土层处的地温不同部位差异较大,以中部地带温度最高,由南向北递减,后屋面下地温稍低于中部,比前沿地带高。东西方向上温差不大,靠进出口的一侧受缝隙放热的影响,温度变化较大,东西山墙内侧地温最低。地表温度在南北方向上变化比较明显,但晴天和阴天表现不同,白天和夜间也不一致。晴天和白天中部最高,向北、向南则递减;夜间后屋面下最高,向南递减;阴天和夜间地温变化的梯度较小。

(4) 地温的垂直分布

冬季日光温室内的土壤温度,在垂直方向上的分布与外界明显不同。室外自然界 0 ~ 50 cm 深土层内的地温,随深度的增加,温度在不断提高,不论晴天和阴天都是一致的。而日光温室情况则完全不同,晴天表层温度最高,随着深度的增加,温度逐渐降低;阴天特别是连续阴天,下层温度比上层温度高。原因是晴天地表接受太阳辐射,温度升高后向下传递;遇到阴天,特别是连续阴天,因为太阳辐射能极少,气温下降,由土壤贮存的热量释放出来进行补充,越靠近地表处,交换和辐射出来的热量越多,所以深层土壤温度高于浅层。日光温室冬季遇到连续阴天,太阳辐射能极少,温室内的温度主要靠从土壤中贮存的热量来补充,地温不断下降。连续 7 ~ 10 d 处在这种情况下,地温只能比气温高 1 ℃ ~ 2 ℃,对某些园艺作物就要造成低温冷害或发生冻害。

6.2.3 设施内温度的调控

1. 设施的保温措施

(1) 增强设施自身的保温能力

设施的保温结构要合理,场地安排、方位与布局等也要符合保温要求。最好北侧有挡风的建筑、树林、风障等。

(2) 用保温性能优良的材料覆盖保温

可以采用保温性能好的塑料薄膜进行覆盖。若夜间采用草苫覆盖保温,则草苫要密,并保持干燥、疏松状态,草苫的厚度要适中,过薄则保温效果差。注意草苫与草苫之间要有一定的重叠,不能留有缝隙,以免降低保温效果。

(3) 减少缝隙散热

设施密封要严实,特别是有围裙(大棚四周的塑料薄膜)的塑料大棚,两薄膜之间的缝隙要小,尽可能减少窜风。要经常对设施的状况进行检查,对于薄膜破孔以及墙体的裂缝等要及时修补和堵塞严实。通风口和门也是缝隙散热的主要场所,应注意关闭严实,门的内、外两侧应张挂保温帘。

(4) 多层覆盖

多层覆盖材料主要有塑料薄膜、草苫、纸被、无纺布等,可以用多层一起进行覆盖,增加保温能力。在日光温室中,特别要注意对南部温度的管理。因为温室北部的空间最大,容热量也大,又有后墙的保温,因此,夜间温度下降较慢,降温幅度较小,温度较高。而南部的采光面,夜间主要利用草苫等进行覆盖,保温能力相对较差,温度下降快,温度低,作物容易受害。常用的覆盖材料及覆盖方法如下:

① 塑料薄膜：主要用于临时覆盖。覆盖形式主要有地面覆盖、小拱棚覆盖、保温幕以及覆盖在棚膜或草苫上的浮膜覆盖等。

② 草苫：覆盖一层草苫通常能提高温度 5 ℃ ~6 ℃。生产中多覆盖单层草苫，较少覆盖双层草苫，必须增加草苫时，也多采取加厚草苫法来代替双层草苫。不覆盖双层草苫的主要原因是便于草苫管理。草苫数量越多，管理越不方便，特别是不利于自动卷放草苫。

③ 纸被：多用做临时保温幕或辅助覆盖，覆盖在棚膜上或草苫下。一般覆盖一层纸被能提高温度 3 ℃ ~5 ℃。

④ 无纺布：主要用做保温幕或直接覆盖在棚膜上或草苫下。

（5）保持较高地温，增加土壤的贮热能力

设施夜间的保温能力的好坏主要取决于设施内土壤贮热的多少，因此，加强土壤管理，提高土壤的贮热能力，也是提高设施夜间保温能力的有效措施。主要方法如下：

① 覆盖地膜：最好覆盖透光率较高的白色、无滴地膜，可有效地提高土壤的贮热量。

② 合理浇水：低温期应于晴天上午浇水，不在阴雪天及下午浇水。一般当 10 cm 深土层处的地温低于 10 ℃ 时不得浇水；低于 15 ℃ 时要慎重浇水；只有在 20 ℃ 以上时浇水才安全。另外，低温期要尽量减少浇水的次数，要浇经过预热的温水或温度较高的地下水，不浇冷水；要浇小水、暗水，不浇大水和明水。

③ 挖防寒沟：在设施的四周挖深 50 cm 左右、宽 30 cm 左右的沟，内填干草、牛粪等，上用塑料薄膜封盖，减少设施内土壤热量的横向传导失热，可使设施内四周 5 cm 深土层处的地温增加 4 ℃ 左右。

④ 增加有机肥和深色肥料的使用：在土壤中增加有机肥和深色肥料的使用，可使土壤保持良好的结构，增加持水能力，减少浇水次数，同时深色肥料有助于增加土壤的蓄热能力。

（6）设置风障

一般多于设施的北部和西北部设置风障，不仅可以降低风速，保护设施，而且可以减少惯流放热，提高设施的保温能力，以多风地区设置风障的保温效果较为明显。

2. 设施的增温措施

（1）增加采光量

增加采光量的具体措施与增加光照相同。

（2）人工加温

人工加温的方法很多，各地运用的情况也不完全一样，主要有临时性加温和长时间加温两类。由于使用的目的不同，因此，加温方法和设备投入也有较大的差别。常用方法如下：

① 火炉加温：用炉筒或烟道散热，将烟排出设施外。该法多见于简易温室及小型加温温室，通常将烟道安置在北墙中部或北墙墙脚，方法简便，成本低，可用于临时或长时间加温。

② 暖水加温：利用分布在栽培行间或栽培床底部的散热片或散热管道散发热量，加温均匀性好，安全性高，温度便于控制，但是投资高，加温成本也较高。该法主要用于玻璃温室以及其他大型温室和连栋塑料大棚中，作为长时间加温的投入目标。

③ 热风炉加温：用带孔的送风塑料管道，将燃油炉燃烧产生的热风送入设施内，其显著特点是升温快，但由于受燃油机功率、风扇功率等的影响，其加温的范围和均匀性均不如热水加温。该法主要用于中小型连栋温室或连栋塑料大棚中，也可用做临时加温。

④ 明火加温：在设施内设置燃烧炉,直接点燃干木材、树枝等易燃烧且生烟少的燃料,利用烟筒将燃烧产生的烟排出温室的同时,散发热量进行加温。该方法简便,加温成本低,升温也比较快,但容易产生有害气体危害。该法对燃烧材料及燃烧时间的要求比较严格,主要作为临时应急加温措施,用于日光温室以及普通大棚中。

⑤ 电加温：主要使用电炉、电暖器以及电热线等,利用电能对设施进行加温,具有加温快、无污染且温度易于控制等优点,但也存在着加温成本高、受电源限制较大、加温时热量扩散范围小等问题,主要用于小型设施的临时性加温。

除了设施内空气加温外,还有土壤加温。该法在国外利用较多,其中利用热水管道对土壤进行加温已较普遍；国内目前运用该法还不太多,主要是受设备投入和加温成本的约束,是今后设施生产的发展方向。

3. 设施的降温措施

(1) 通风散热

通过开启通风口、门、窗等,散放出热空气,同时让外部的冷空气进入设施内,使温度下降。具体通风时应注意以下两点：

① 要严格掌握好通风口的开放顺序。因为在设施内通常上部的气温较高,中下部气温较低,所以低温期只开启上部通风口或顶部通风口,就能起到很好的降温作用。在一般情况下,严禁开启下部通风口或地窗,避免冷风伤害蔬菜的根颈部。随着温度的升高,当只开启上部通风口不能满足降温要求时,再打开中部通风口协助通风。下部通风口只有当外界温度升高到 15 ℃ 以上方可开启通风。

② 要根据设施内的温度变化来调节通风口的大小。低温期,一般当设施内中部的温度升到 30 ℃ 以上时才开始通风；高温期,在温度升到 25 ℃ 以上就要通风。通风初期的通风口应小,不要突然开放太大,导致通风前后设施内的温度变化幅度过大,引起植株萎蔫。适宜的通风口大小是通风前后,设施内的温度下降幅度不超过 5 ℃。之后,随着温度的不断升高,逐步加大通风口,最高温度一般要求不超过 32 ℃。下午当温度下降到 25 ℃ 以下时开始关闭通风口,当温度下降到 20 ℃ 时,就应将通风口全部关闭严实。

(2) 强制通风

当外界风速较小、自然通风作用不明显时,可采取强制通风措施,利用风扇将热空气抽出设施或将冷空气送入设施进行降温,如图 6-3、6-4 所示。

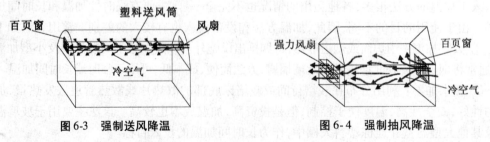

图 6-3　强制送风降温　　　　　图 6-4　强制抽风降温

自然通风和强制通风措施只有在外界气温明显低于设施内空气温度时,才能取得很好的降温效果,当外界气温接近设施内气温时降温较差,应采取遮阴降温、湿帘降温、喷雾降温等措施。

(3) 遮阴降温

遮阴降温是目前常用的最经济有效的降温方法，主要手段是利用覆盖遮阳网和棚膜（或玻璃）表面洒白灰水进行遮光降温。

遮阳网覆盖的方法有设施外的覆盖遮阳、设施内的覆盖遮阳和设施内外覆盖遮阳等。为了提高遮阳降温的效果，生产上往往利用遮阳网的多层覆盖，但应注意防止遮光过度而影响作物的生长。利用涂白的方法也是夏季温室降温的有效手段，其主要方法是在温室向阳面、屋顶进行涂白，利用白色涂层的遮光和反光作用来降低设施内的温度。

(4) 喷雾降温

喷雾降温有设施外喷雾降温和设施内喷雾降温。设施外喷雾降温是利用高压水泵，将冷水通过管道输送到设施顶部，再通过微喷头把水喷洒到采光面上，利用水膜阻隔强光辐射使设施内降温。这种降温方法需水量大，成本较高，降温效果却一般，因此目前已很少使用。设施内喷雾降温是利用高压水泵将冷水通过管道输送到设施的上部，然后通过雾化喷头将水雾化（使水形成极细的颗粒），喷洒到设施内，当水雾与热空气充分接触时，吸收空气中的热量而使空气温度下降。因此，设施内喷雾降温效果的好坏主要取决于雾化喷头性能的优劣。设施内喷雾降温见效快，降温效果明显，但为了维持设施内一定的温度需要持续或间断地进行喷雾，因此容易造成设施内湿度过高，诱发病害，有条件的应加强通风排湿。

通过以上空气降温的措施，一般也能很好地降低土壤的温度，保证作物根系的正常生长和发育。但如果通过以上措施土温仍然较高时，通常可采用覆盖黑色地膜、或黑白双色地膜或一些稻草、加大土壤灌水量等措施来降低土温。

4. 作物变温管理技术

由于设施具有较封闭的特性，因此，设施内的小气候条件可以人为地根据作物的生长特点加以调节，更有利于作物光合作用和养分的积累。例如，上午是作物进行光合作用的主要时间段，可以适当提高温度来促进光合作用；傍晚前后是作物光合产物运转的主要时间段，因此，要维持适当的温度来促进光合产物的转移；后半夜主要是作物呼吸消耗，应降低温度减少呼吸消耗，增加光合产物的积累。下面用图6-5、6-6来举例说明。

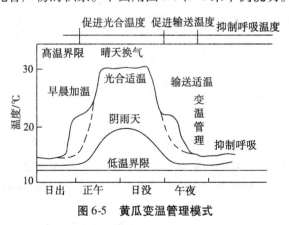

图6-5 黄瓜变温管理模式

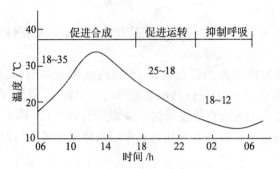

图 6-6　温室西瓜结果期三段变温管理示意图

6.3　湿度条件及调控

设施内湿度的主要特点是空气湿度大、土壤湿度容易偏高。空气湿度的表示方法有两种：一种是绝对湿度，表示的是每立方米空气中所含水汽的克数，单位为 g/m^3；另一种是相对湿度，表示的是空气中的实际含水量与同温度下饱和水汽量的百分比。在农业生产中通常所说的湿度是指相对湿度，相对湿度与作物的生长发育、病害的发生有着密切的关系，因此，在本节中主要讲述相对湿度的一般规律。

6.3.1　设施内湿度的变化规律

1. 空气湿度

在密闭设施内，一天中相对湿度最大值出现在设施揭除保温覆盖物后、温度开始上升之前。此时，在不通风的情况下，设施内相对湿度达到 95% 以上。随着阳光照射到设施上以后，设施内温度逐渐升高，随着温度的升高相对湿度逐渐下降；到中午前后，当气温达最大值时，空气相对湿度降到一日中的最低值，一般低于 75% 左右；午后，随着阳光的减弱，设施内的温度也逐渐下降，此时设施内的相对湿度逐渐升高。过饱和的水汽在遇到寒冷的覆盖物表面后冷凝成水滴，滴落到地面或顺着覆盖物的内表面滑落到地面，空气的相对湿度因此略有下降，但总体上维持在 95% 以上，直至第 2 天揭开保温覆盖物，设施内温度开始回升，相对湿度进入下一次循环。

在实际生产过程中，白天往往因为通风而将水汽带走，使设施内的相对湿度下降（低于 75%）；晚上，因为设施仍存在一定的缝隙放热作用，而使相对湿度下降（低于 95%）。白天相对湿度过大会影响植物的蒸腾作用，抑制了作物对于水分和养分的吸收，从而阻碍了作物的光合作用和生长发育；夜间，相对湿度高，再加上温度管理偏高，容易导致病害的发生。

2. 土壤湿度

设施内土壤湿度主要来自于灌水，此外，由于覆盖物的遮挡作用，使得外界的雨水不能进入，因此形成了设施内土壤水分独特的循环方式（图 6-7）。

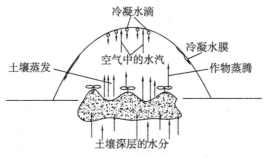

图6-7 设施内土壤水分循环示意图

由于土壤的蒸发作用和作物的蒸腾作用,土壤表层的水分减少,同时通过土壤毛细管道的作用,土壤深层的水分不断地向表层移动进行补充,来维持较高的土壤湿度。蒸发和蒸腾到空气中的水分,由于设施的封闭性而保留在设施内,当水汽遇到寒冷的覆盖物、拱架、支柱等时,往往冷凝成水滴回落到土壤表面或形成水膜沿覆盖物的表面滑落到土壤表面,使土壤表层的含水量增加。水分循环的结果,往往是土壤浅表层湿度较大,而土壤深层却水分严重不足,影响了作物根系对水分的吸收和对土壤深层养分的吸收。

设施覆盖下的水量变化与地膜覆盖的不同之处在于:前者内部增加了土壤蒸发和作物蒸腾作用。这些蒸发、蒸腾的水分在设施的内面或骨架材料上结露,不断地顺着设施的内面滑向两侧或顺着骨架下落,逐渐使设施内中部的土壤变得干燥而两侧以及局部地区的土壤水分增加,引起土壤局部湿差和温差,同时由于水分的不断蒸发,也使土壤深层的盐类物质向土壤表层集结。地膜覆盖时,由于地膜的封闭作用,抑制了土壤水分的蒸发,尽管在地膜覆盖条件下,一个栽培畦的中部和两侧的土壤湿度有所差异,但总体上来比较小。另外,地膜覆盖后,阻止土壤水分蒸发,有效地抑制了土壤深层的盐类物质向土壤表层的集结,减轻或缓解了盐类危害的发生。

3. 影响空气湿度变化的因素

影响空气湿度变化的主要因素有土壤的湿度大小、作物的叶面积大小、设施的大小等。土壤湿度大时,相应地土壤水分蒸发量也大,空气湿度增加;反之,空气湿度减小。作物的蒸腾作用是空气湿度的来源之一,作物叶面积指数高时,其叶面积也大,蒸腾作用强,因此空气的湿度相应增加。设施越大,其内部的空间也越大,因此空气湿度的变化相对较缓和;相反,设施越小其空气的湿度变化越剧烈,管理的难度增加,在有条件的情况下,可建造较大的设施,来提高设施内的土地利用率,方便湿度、温度等的管理。

6.3.2 设施内的湿度调控

1. 设施内空气湿度的调控

空气湿度调控的主要任务是通过合理的手段来保持设施内一定的湿度,也即在设施内湿度较高时,采用通风等手段降低设施内的湿度;在夏季设施内湿度较低时,通过喷雾等手段来提高设施内的湿度,维持作物的正常生长,有效地防止病害的发生。

降低湿度的具体方法如下:

(1) 通风排湿

通风排湿是棚室管理中最常用、最经济有效的方法。应注意掌握通风时间、通风口开启的大小等,并与通风降温结合起来考虑。

设施的通风排湿效果最佳时间是中午,此时设施内温度升高,大量水分蒸发到空气中,设施内外的空气湿度差异最大,湿气容易排出。其他时间温度较低时,水分蒸发量少,排湿效果也下降。在保证温度要求的前提下,尽量延长通风时间。温室排湿时,要特别注意加强以下5个时期的排湿:浇水后的2~3 d内、叶面追肥和喷药后的1~2 d、阴雨(雪)天、日落前后的数小时内(相对湿度大,降湿效果明显)和早春(温室蔬菜的发病高峰期,应加强排湿)。

通风排湿时要求均匀排湿,避免出现通风死角。一般高温期间温室通风量较大,各部位间的通风排湿效果差异较小,而低温期则由于通风不足,容易出现通风死角,一般可利用风扇,促进设施内空气的循环和流动。

(2) 减少地面水分蒸发

减少地面水分蒸发的主要措施是覆盖地膜,采用膜下滴灌技术或在膜下开沟浇水。对于不采用地膜覆盖的大型保护地设施,在浇水后的几天里,应升高温度,保持32 ℃~35 ℃的高温,加快地面的水分蒸发,降低地表湿度。平时应在墒情合适时,及时进行中耕松土,可有效地降低土壤水分的蒸发。对于育苗床来说,在浇水后可向畦面撒干土压湿。

(3) 合理使用农药和叶面追肥

低温期,设施内尽可能采用烟雾法或粉尘法进行防病、治虫,提高防治病虫的效果,不用或少用叶面喷雾法,避免空气湿度升高;进行叶面追肥或喷洒农药时,应选在晴天的上午10时以后至下午3时之前进行,保证在日落前留有一定的时间进行通风排湿,同时应考虑将叶面追肥与喷洒农药结合起来,减少叶面追肥、喷洒农药的次数。

除了以上方法外,还可选用无滴膜、保持薄膜表面排水流畅;加温除湿、使用除湿机、除湿型热交换通风装置(采用除湿型热交换器,能防止随通风而产生的室温下降)、热泵除湿等方法来降低湿度。

增加设施内空气湿度的措施很多,主要有灌水、喷雾加湿等。灌水直接提高了土壤的湿度,从而加大了土壤的蒸发量,能有效地提高空气的湿度。利用喷灌直接将水喷洒到植物和土壤的表面,能使设施内的湿度迅速提高。在现代化温室中,多配备有喷雾系统,在温度较高、湿度较低时,可进行喷雾,起到降温和加湿的双重作用。

2. 土壤湿度的调控

土壤湿度调控的主要任务是保持适宜的土壤湿度,一方面要防止湿度长时间过高,影响作物根系的生长和地温的升高(因为水的热容量比土壤大两倍,比空气大3 000倍左右);另一方面要进行水分的补充,满足作物生长发育对水分的需求。从园艺设施小气候的特点看,灌水的实质是满足植物对水、气、热的要求,调节三者的矛盾,促进植物生长。

土壤水分调节的主要依据是作物根系的吸水能力、作物对水分的需求量、土壤的结构及施肥的多少等。在黏重的土壤中,虽然能有较大的持水量,但灌水过多则易造成根际缺氧;相反沙土持水能力差,则需增加灌水量和灌水次数来满足作物对水分的需求。理想的土壤结构是既有一定的持水力,又有良好的通气性,合适的灌水量能满足作物对水分的需求,多余的水能渗入土壤深层。生产中土壤水分调节的主要措施如下:

(1) 用高畦或高垄栽培

利用高畦低沟,有利于栽培畦中土壤水分的排出,降低作物根系附近的土壤水分,同时有利于地温的升高。该法在南方地下水位较高的地区运用较普遍。

(2) 地膜覆盖

采用地膜覆盖不仅能有效地提高土壤的温度,同时由于地膜的封闭作用,能很好地减少土壤水分的蒸发,减少灌水次数,提高水分的利用率。

(3) 适量适时浇水

低温期为了避免因浇水而引起的土温下降,可采取隔沟(畦)浇沟(畦)法进行浇水,也可采用微灌溉系统进行浇水,总的原则是浇水量要适量,不要浇水后引起地面漫流,更不要大水漫灌(北方地区特殊的季节可用漫灌法)。适量灌溉也应根据作物的生长状况、生育期对水分的要求来进行。适时浇水即选择适宜的灌水时间,晴暖天设施内的温度高,通风量大,浇水后地面水分蒸发快,对土壤湿度影响较小,因此,一般多选择晴天的上午进行灌水。低温阴雨(雪)天,空气温度低,地温也低,地面水分蒸发慢,地温提高也慢,不宜浇水。适时适量浇水,还应根据不同的栽培方式、设施内不同地方土壤的湿度情况,合理地浇水,对设施中部、畦中部等容易干燥的地方可适当多浇,相反则少浇或不浇。

(4) 采用微灌技术提高灌溉的利用率

目前微灌技术已在设施生产中普遍运用,其主要方法有膜下灌溉技术、滴灌、微喷灌、渗灌等,各种微灌技术都有其相应的特点。总体上来说,微灌技术能根据作物的需水要求及时、适量地进行灌溉,提高了灌溉的经济性和有效性,保证了作物正常生长的水分要求。此外,微灌技术中的膜下灌溉、滴灌和渗灌等属于局部灌溉的形式,不会引起土壤温度的明显下降,对作物根系的生长有很好的促进作用,同时能增加土壤的贮热能力,也有利于设施内夜间温度的提高。

6.4 土壤条件及调控

在设施栽培中,由于设施的封闭作用使设施内的土壤缺少酷暑、严寒、雨淋、暴晒等自然因素的影响,加上栽培时间长、施肥多、浇水少、连作严重等一系列因素的影响,土壤的性状较易发生变化,土壤病害也容易累积,虫害暴发严重。通常温室连续栽种3~5年后,各种症状逐渐暴露出来,其中变化较大、对作物生长影响较大的主要有土壤酸化、土壤盐渍化和连作障碍等。下面分别作一些介绍,供大家在生产管理时参考。

6.4.1 设施内土壤的特点

1. 土壤养分失衡

在设施栽培中,由于作物适宜的生长期长,作物生长量大,消耗养分较多;同时,由于设施内温度较高,土壤微生物活动旺盛,加快了养分的分解,提高了养分的有效性;因此,如果

施肥不足时,往往会引起土壤缺肥现象,作物表现出缺素症状。另一方面,由于设施栽培轮作换茬比较困难,连作严重,作物对某种元素的吸收过多(作物对某元素的嗜好作用),常常导致土壤中某种元素的缺失而影响到其他元素的平衡,影响作物的正常生长。此外,作物在生长过程中的分泌物长期积累在土壤中,对同类作物产生自毒作用,导致作物的抗性下降、产量下滑、产品品质变劣等。

2. 土壤盐渍化

在前一节介绍了设施内土壤水分的循环特点,从这一特点可以看出,设施内土壤深层的水分通过毛细管道的作用不断向土壤表层移动,在这一过程中,土壤深层的矿物质元素也随着毛细管道水的上升而不断地向土壤表层聚集。再加上设施内缺少雨水的淋溶,更加剧了盐分积累的速度,最终导致土壤表层盐分浓度过高而影响了作物的正常生长。

土壤盐渍化是指土壤溶液中可溶性盐的浓度明显过高的现象。当土壤发生盐渍化时,植株生长缓慢、分枝少;叶面积小,无光泽;容易落花落果和形成僵果。危害严重时,植株生长停止、生长点色暗、失去光泽,最后萎缩干枯;叶片色深、有蜡质、叶缘干枯、卷曲,并从下向上逐渐干枯、脱落;新根不能发生,根系发黄变褐最后坏死。

3. 土壤酸化

土壤酸化是指土壤的 pH 明显低于7,土壤呈酸性化的现象。由于大量使用化学肥料,特别是氮肥使用过量和生理酸性肥料的使用,使土壤中积累了大量的酸根离子,土壤酸性增大,许多元素在土壤中的溶解度下降,致使许多元素不能被作物吸收,引起作物出现缺素症状,如磷、钙、镁;另一方面,由于土壤酸性加大,一些有害元素如铝、锰等活性增大,作物易于吸收,吸收过量后抑制了作物体内酶的活性,也抑制了对其他元素的吸收,严重影响作物的正常生长。

4. 土壤中有害病虫源增加

土壤是非常复杂的有机体,一年四季设施内温度都较高,因此含有大量的生物。这些生物中有有益生物(对作物生长发育有利),也有有害生物(对作物生长不利或有毒害作用),还有许多土壤酶类。由于设施内的土壤缺少了利用严寒、太阳暴晒等杀死有害病菌、虫卵的作用,给病菌、害虫的越冬和越夏提供了场所,如果设施内作物残体收拾不干净的话,又人为地为病虫提供了营养物质,再加上园艺作物根系的分泌物,这些因素综合在一起,很容易引发枯萎病、青枯病、黄萎病等土传病害,造成连作障碍或连作危害。

病虫害在生产上常表现为:病原菌明显增加,病害发生时间早,持续时间长,病害种类增多,许多病害很难根治;虫害则表现为一年世代繁殖代数增加,世代重叠现象严重,许多在夏季发生较严重的虫害,在秋冬季的温室内也出现并蔓延,治理难度大。

6.4.2 设施内土壤酸化的原因及防治

1. 发生的原因

引起土壤酸化的原因比较多,其中施肥不当是主要原因。大量施用氮肥导致土壤中积累较多的硝酸是引起酸化最为重要的原因。例如,大量使用硝酸铵等化学肥料和含氮量高的鸡粪、饼肥、油渣等。此外,过多地施用硫酸铵、氯化铵、硫酸钾、氯化钾等生理酸性肥也能导致土壤酸化。

2. 防治措施

(1) 要合理施肥

氮素化肥和高含氮量有机肥的一次施肥量要适中,应采取"少量多次"或分层施肥的方法施肥。

(2) 施肥后要连续浇水

一般施肥后连浇两次水,稀释、降低酸的浓度。

(3) 加强土壤管理

采用地膜覆盖抑制水分的蒸发;进行中耕松土,促进根系生长,提高根的吸收能力;在土壤耕作时,撒施生灰石进行预防等。

(4) 及时处理

对已发生酸化的土壤应采取淹水洗酸法或撒施石灰中和的方法提高土壤的pH,并且改变所施肥料种类,减少或不再施用生理酸性肥料。

6.4.3 设施内土壤盐渍化的原因及防治

1. 发生的原因

土壤盐渍化主要是施肥不当造成的。其中氮肥用量过大,土壤中剩余的游离态氮素过多,是造成土壤盐渍化最主要的原因。此外,大量施用硫酸盐(如硫酸铵、硫酸钾等)和盐酸盐(如氯化铵、氯化钾等),也能增加土壤中游离的硫酸根和盐酸根浓度,发生盐害。

2. 防治措施

(1) 定期检查土壤中的可溶性盐浓度

土壤含盐量可采取称重法或电阻法测量。称重法就是取100 g干土加500 g水,充分搅拌均匀。静置数小时后,把浸取液烘干称重,称出含盐量。一般蔬菜设施内每100 g干土中的适宜含盐量为15~30 mg。如果含盐量偏高,表明有可能发生盐渍化,要采取预防措施。

用电导率(EC)大小反映土壤中可溶性盐的浓度。测量方法是:取干土1份,加水(蒸馏水)5份,充分搅拌。静置数小时后,取浸出液,用电导率仪测出浸出液的电导率。一般蔬菜适宜的土壤浸出液的电导率为0.5~1 mΩ/cm。如果电导率大于此范围,说明土壤中的可溶性盐含量较高,有可能发生盐害。

(2) 要适时适量追肥

要根据作物的种类、生育时期、肥料的种类、施肥时期以及土壤中的可溶性盐含量、土壤类型等情况确定施肥量。

施肥前要先取样测量土壤的有效盐含量,并以此作为施肥依据,确定施肥量。如果土壤中的含盐量较高,要减少施肥量(尤其氮肥),反之则增加施肥量。

根据肥料的种类确定施肥量。有机肥肥效缓慢,不易引起土壤盐渍化,可增加用量。速效化肥的肥效快,施肥后会迅速提高土壤中盐的浓度,施肥量要少;含硫和氯的化肥,施肥后土壤中残留的盐酸根较多,不宜施肥过多。

根据施肥时期确定施肥量。高温期肥料分解、转化快,施肥量要少;低温期肥效慢,要增加施肥量。

根据作物的种类确定施肥量。耐盐力强的作物(如茄子、番茄、西瓜等)的一次性施肥量可加大,以减少施肥次数;耐盐力差的作物(如黄瓜、菜豆、辣椒等)则要采取"少量多次"法施肥。

根据作物的生育时期确定施肥量。如蔬菜苗期的耐盐力较弱,则要减少施肥量;成株期根系的耐盐力增强,可加大施肥量或缩短施肥期。

(3) 淹水洗盐

土壤中的含盐量偏高时,要利用空闲时间引水淹田降盐。也可每3~4年夏季休闲一次,揭开覆盖物,利用降雨洗盐。

(4) 种植绿肥或禾本科类作物降盐

因为豆科类绿肥都具有较强的耐盐能力,并且能吸收和固定土壤中的氮肥,种植后收割豆类作物并移至设施外进行绿肥制作,可起到一定的降盐作用。种植禾本科作物时,可以进行杀青,并将作物的秸秆粉碎后翻入土壤中,利用秸秆的发酵作用,降低土壤中氮的危害。

(5) 换土

如温室连续多年栽培后,土壤中的含盐量较高,仅靠淹水等措施难以降低时,就要及时更换耕层熟土,把肥沃的田土搬入温室,用于栽培。

6.4.4 设施内土壤管理要点

1. 合理施肥

要保持设施内土壤良好的结构和持续的生产能力,合理施肥是非常必要的。要改变产量与施肥量成正比的错误概念,通过科学管理和合理施肥来提高产量。合理施肥主要是根据不同作物对肥料的需求特点,根据作物不同生育时期需肥的规律,采取科学的施肥方法,提供作物所需的各种肥料的量和种类,实行完全施肥,不偏施氮肥。

2. 增施有机肥

有机肥不仅能供给作物生长发育所需的各种元素,特别是作物生长发育所需的微量元素,同时有机肥能够改善土壤结构,提高土壤的保水保肥能力,提高土壤的贮热量,有助于设施夜间的保温。针对不同的有机肥,在施肥时可采用分层施用的方法,迟效的、肥力低的施在最底层,肥效快的、肥力高的施在中层,随着作物根系的不断扩展,逐渐吸收各层肥料,避免肥料过分集中而伤害根系或作物生长后期发生缺肥现象。

3. 合理轮作

在有条件的情况下,一定要实行严格的轮作制度,利用不同作物对土壤中不同养分的吸收,平衡土壤中各种元素的比例,保持土壤良好的结构和肥力,避免作物根系分泌物的自毒作用。实行轮作还能有效地控制各种病害的发生,对于降低生产成本、降低劳动强度、提高经济效益等方面都有积极的作用。在南方地区,有采用竹木结构大棚,每年在不同的水稻田块轮换栽培番茄、西瓜的成功例子,也即常见的水旱轮作,发病少,产量高,效益佳。如果实在无法进行轮作,也应该适当减少种植茬口,让土地有一定的休闲时间,进行养地。

4. 土壤改良

土壤改良是针对土壤的不良性状(如过松或过于黏重等)和障碍(如酸化、盐渍化等)因素,采取相应的物理或化学措施,改善土壤性状,提高土壤肥力,增加作物产量的过程。土壤改良工作应根据各地的自然条件、经济条件和设施内土壤的具体特点,因地制宜地制定切实可行的规划,逐步实施,以达到有效地改善土壤生产性状和环境条件的目的。用化学改良剂改变土壤酸性或碱性的一种措施称为土壤化学改良。常用的化学改良剂有石灰、石膏、磷石膏、氯化钙、硫酸亚铁、腐殖酸钙等,视土壤的性质而择用。如对碱化土壤需施用石膏、磷石膏等以钙离子交换出土壤胶体表面的钠离子,降低土壤的pH。对酸性土壤,则需施用石灰性物质。采取相应的农业、生物等措施,改善土壤性状,提高土壤肥力的过程称为土壤物理改良。具体措施有:适时耕作,增施有机肥,改良贫瘠土壤;通过客土、漫沙、漫淤等,改良过砂过黏土壤。

具体来说:砂质土壤的改良可大量施用有机质肥料,在农闲季节种植绿肥,并翻入土中,或与豆科作物多次轮作。瘠薄黏重土壤的改良可以增施有机肥,也可以利用根系较深或耐瘠薄土壤的作物如玉米等与蔬菜轮作、间作或套作。

6.5 气体条件及调控

设施是一个相对封闭的环境,它与外界的气体交流相应较少(特别是在冬季温度较低的情况下,为了增强设施的保温性而进行多重覆盖),因此,设施内有害气体容易积累并危害植物的生长。与此同时,由于设施的密闭作用,作物光合作用所需二氧化碳又不能得到及时补充而影响作物的生长。了解设施内气体条件的特点,合理调节和控制,能起到防止危害、提高产量和品质的良好作用。

6.5.1 设施内的有益气体和有害气体

设施内的气体通常分为有益气体和有害气体两种。有益气体主要指作物呼吸、根系发育所需的氧气,作物光合作用的原料之一二氧化碳。有害气体主要指土壤施肥或二氧化碳施肥过程中产生的氨气、二氧化氮;燃烧产生的二氧化硫、一氧化碳等,当它们在设施内累积到一定浓度时,便会对作物产生危害,影响作物的正常生长,降低产量和产品的品质。

1. 设施内的有益气体

(1) 氧气

作物生命活动需要氧气,尤其在夜间,光合作用因为缺少太阳光能不再进行,但作物的呼吸作用仍在进行,需要充足的氧气。作物地上部分生长所需氧气来自空气,而地下部分根系的形成,特别是侧根及根毛的形成,需要土壤中有足够的氧气,否则根系会因为缺氧而窒息死亡。在蔬菜、花卉栽培中常因灌水太多或土壤板结,造成土壤中缺氧,引起根部危害。此外,在种子萌发过程中需要足够的氧气,否则会因酒精发酵毒害种子,使其丧失发芽力。

(2) 二氧化碳

二氧化碳是绿色植物进行光合作用,制造碳水化合物的重要原料之一。据测定,蔬菜生长发育所需要的二氧化碳气体最低浓度为 80~100 mg/kg,最高浓度为 1 600~2 000 mg/kg,晴天叶菜类适宜浓度为 1 000 mg/kg,果菜类为 1 000~1 500 mg/kg;阴天适宜的浓度为 500~600 mg/kg。在适宜的浓度范围内,浓度越高,高浓度持续的时间越长,越有利于蔬菜的生长和发育。有时考虑到施用气肥的成本,多采用适宜浓度的下限来进行施肥,以降低生产成本。

设施内二氧化碳不足会严重地抑制作物的光合作用,作物的抗性下降,产量低,产品品质差,据相关报道,增施二氧化碳一般可增加产量 20%~50%。

2. 设施内的有害气体

设施内的有害气体主要来自施肥(氨气和二氧化氮)、燃烧燃料(二氧化硫、乙烯等)及塑料制品(磷酸二甲酸二异丁酯、正丁酯等)等;大气污染也是造成作物受害的因素之一。下面介绍主要有害气体及症状。

(1) 氨气

氨气的比重小于空气,在化工、制药、食品、制冷、合成氨等工业中,常有排放或逸出,是大气污染物之一。因其毒性相对较小,在大气中一般情况下不致大面积危害植物。设施内氨气是设施内肥料分解的产物,如施用了未经腐熟的人粪尿、畜禽粪(特别是未经充分发酵的鸡粪)、饼肥等有机肥,遇高温时分解产生。又如,追施化肥不当,在设施内施用碳铵、氨水;采用撒施、随水浇施等不正确的方法等都会产生氨气危害。

氨气可被土壤水分吸收,呈阳离子状态(NH_4^+)时被土壤吸附,作物根系可以吸收利用。但当氨气挥发到设施内时,它以气体的形式从叶片气孔或水孔进入植物体内,就会发生碱性损害。当设施内空气中氨气浓度达到 5 mg/L 时,就会不同程度地危害作物。受害叶片先呈水浸状,颜色变淡,逐步变成黄白色或淡褐色,严重时褪绿变白,全株枯死。在高浓度氨气影响下,植物叶片发生急性伤害,叶肉组织崩溃,叶绿素分解,造成脉间点状、块状黑色伤斑,有时沿叶脉产生条状伤斑,并向叶脉浸润扩散,伤斑与正常组织间界限分明。

(2) 二氧化氮

二氧化氮是施用过量的铵态氮而引起的。施入土壤中的铵态氮,在亚硝化细菌和硝化细菌作用下,要经历一个由铵态氮→亚硝态氮→硝态氮的过程。在土壤酸化条件下(pH<5 时),亚硝化细菌活动受抑,亚硝态氮不能转化为硝态氮,亚硝态酸积累而散发出二氧化氮。施入铵态氮越多,散发二氧化氮越多。当二氧化氮从气孔进入植物体内时,与水形成亚硝酸和硝酸,酸度过高就会伤害组织。空气中二氧化氮浓度达 2 mg/L 时可危害植株,危害症状如下:最初是叶表现出不规则水渍状伤害,后扩展到全叶,并产生不规则的白色至黄褐色小斑点,以后褪绿,浓度高时叶片叶脉也变白枯死。番茄、黄瓜、莴苣等对二氧化氮敏感。

(3) 二氧化硫

二氧化硫又称亚硫酸气体,是我国当前最主要的大气污染物,排放量大,对植物的危害也比较严重。据研究发现,敏感植物在二氧化硫浓度为 0.05～0.5 mg/L 时,经 8 h 即受害;二氧化硫浓度为 1～4 mg/L 时,经 3 h 即受害。不敏感的植物,则在二氧化硫浓度为 2 mg/L 时,经 8 h 受害;在二氧化硫浓度为 10 mg/L 时,经 30 min 即受害。

大气中的二氧化硫是含硫的石油和煤燃烧时的产物之一,发电厂、有色金属冶炼厂、石油加工厂、硫酸厂等散发较多的二氧化硫。设施中的二氧化硫主要是在加温时,燃烧含硫量高的煤炭,或施用大量的肥料而产生的,如未经腐熟的粪便及饼肥等在分解过程中,也释放出大量的二氧化硫。二氧化硫对作物的危害主要是由于二氧化硫遇水(或湿度高)时产生亚硫酸,亚硫酸是弱酸,能直接破坏作物的叶绿体,轻者组织失绿白化,重者组织灼伤、脱水、萎蔫枯死。

(4) 氯气

氯气对农作物的危害在空气污染物里仅次于二氧化硫和氟化氢。在空气中氯气含量达到 0.4% 的环境中,人在 10 min 内就会中毒死亡;含量在 0.1 mg/L 的环境中,经过 2 h,可使对氯气敏感的作物苜蓿和萝卜叶片受害;含量在 0.5 mg/L 时,可以使这个环境中的许多作物在不到 1 h 内就出现病变症状。

污染空气中的氯气,主要来源于食盐电解工业以及制造农药、漂白粉、消毒剂、塑料、合成纤维等工业企业。在园艺设施内氯气的来源主要是使用了有毒的农用塑料薄膜、塑料管等物品。因为这些塑料制品选用的增塑剂、稳定剂不当,在阳光暴晒或高温下可挥发出氯气,危害作物生长。植株受害时,通常植株的中部叶片和下部叶片症状较严重。症状是叶缘和叶脉间组织出现白色、浅黄褐色的不规则斑块,最后发展到全部漂白、叶枯卷死亡。氯气对植物的毒性要比二氧化硫大,在同样浓度下,氯气对植物危害程度大约是二氧化硫的 3～5 倍。

(5) 乙烯

乙烯是链式碳氢化合物的代表,它对人体一般无害,但对植物生长发育影响十分明显。这是因为乙烯是植物的内源激素之一,植物本身能产生微量乙烯,控制、调节生长发育过程。当设施环境中乙烯浓度达到一定水平时,通常认为是 0.05～1.0 mg/L,就会干扰植物的正常发育,引起许多植物生长异常。主要表现为:生长受到抑制,叶片和果实失绿变黄;较常见的症状是落蕾、落花、落果,或造成果实畸形、开裂,严重时叶片、花蕾、花和果实均能脱落,造成生产损失。乙烯使植物产生各种形态的异常反应是诊断乙烯污染的有价值的参考依据,有助于区别其他污染物的伤害。

常见的对各种有害气体敏感的园艺植物见表 6-19。

表 6-19 常见的对各种有害气体敏感的园艺植物

有害气体	敏感的园艺植物	可作为环境监测的花卉
氨气	蔬菜：番茄、黄瓜、辣椒、小白菜等 花卉：矮牵牛、向日葵等	矮牵牛、向日葵等
二氧化氮	蔬菜：黄瓜、番茄、蚕豆、向日葵等 花卉：悬铃木、秋海棠、矮牵牛、杜鹃、荷花、鸢尾、扶桑、香石竹、大丽花、小苍兰、报春花、蔷薇、一串红、金鱼草等	矮牵牛、杜鹃、荷花、鸢尾、扶桑、香石竹、大丽花、小苍兰、报春花、蔷薇、一串红、金鱼草等
二氧化硫	蔬菜：胡萝卜、南瓜、萝卜、白菜、菠菜、番茄、葱、辣椒、黄瓜、茄子、马铃薯、南瓜、甘薯和蚕豆等 花卉：紫苑、秋海棠、美人蕉、矢车菊、彩叶草、非洲菊、三色堇、天竺葵、万寿菊、牵牛花、百日草、苔藓、加拿大白杨、马尾松、雪松等	紫苑、秋海棠、美人蕉、矢车菊、彩叶草、非洲菊、天竺葵、万寿菊、牵牛花、百日草、三色堇等
氯气	蔬菜：大白菜、向日葵、洋葱、香豌豆、菠菜等 花卉：百日草、蔷薇、金鱼草、紫罗兰、紫花苜蓿、郁金香等	百日草、蔷薇、金鱼草、香豌豆、紫罗兰、向日葵、郁金香等
乙烯	蔬菜：番茄、茄子、尖辣椒等 花卉：四季海棠、美人蕉、凤仙花、中国石竹、紫花苜蓿、夹竹桃、早菊花等	中国石竹、紫花苜蓿、夹竹桃、早菊花等
氟化氢	蔬菜：番茄、玉米等 花卉：唐菖蒲、美人蕉、仙客来、萱草、风信子、郁金香、杜鹃、枫等	唐菖蒲、美人蕉、仙客来、萱草、风信子、郁金香、杜鹃、枫等
臭氧	蔬菜：马铃薯、洋葱、萝卜等 花卉：矮牵牛、霍香蓟、秋海棠、小苍兰、香石竹、菊花、紫苑、万春菊、丁香、葡萄、牡丹等	矮牵牛、霍香蓟、小苍兰、香石竹、菊花、秋海棠、紫苑、万春菊等

3. 有害气体的防治

（1）合理施肥

有机肥要充分腐熟后再施，并且要深施，施后覆土；不用或少用挥发性强的氨素化肥，如碳酸氢铵、氨水等；追肥时可开沟或开穴施入，不地面追肥，覆土后及时浇水，追肥时要按"少施勤施"的原则，追肥、浇水后要注意通风换气。

（2）覆盖地膜

采用地膜覆盖，能阻止土壤中有害气体的挥发，氨气、二氧化氮等遇到地膜内面上的水分后，也会被溶解，重新落回到土壤中供作物吸收利用，提高了肥料的利用率。

（3）正确选用塑料薄膜与塑料制品

选用厂家信誉好、质量优的农膜和地膜进行设施栽培。应选用无毒的农用塑料薄膜和塑料制品，不在设施内堆放塑料薄膜或制品。

（4）安全加温

加温炉体和烟道要设计合理，保密性好。应选择含硫量低的优质燃料加温，并且加温时,炉膛和排烟道要密封严实,严禁漏烟。有风天加温时,还要预防倒烟。

(5) 通风换气

每天应根据天气情况,及时通风换气,排除有害气体。特别是当发觉设施内有特殊气味时,要立即通风换气。

(6) 加强田间管理

经常检查田间,发现植株出现中毒症状时,应立即找出病因,并采取针对性措施,同时加强中耕、施肥工作,促进受害植株恢复生长。

6.5.2 设施内气体的管理

1. 二氧化碳浓度的特点

塑料拱棚、温室等设施内的二氧化碳,是由大气补充、植物呼吸作用释放和土壤微生物的分解作用所产生的。在密闭的设施内,揭开草苫、保温被等保温覆盖物前,设施内的二氧化碳浓度最高。随着阳光照射到设施内,设施内温度迅速升高,作物的光合作用增强,通常在揭开草苫后 0.5~1.0 h 左右,设施内的二氧化碳被作物的光合作用消耗到最低,约 80~100 mg/kg。与此同时,由于缺少二氧化碳,植物的光合作用处于停滞状态。到下午,随着光照的减弱、设施内温度的下降,光合作用消耗二氧化碳的速度下降,但此时植物的呼吸作用仍较强,所以设施内的二氧化碳浓度逐渐升高。到了傍晚以后,由于没有了植物的光合作用消耗二氧化碳,但植物的呼吸作用、土壤微生物的分解活动仍在进行,因此设施内的二氧化碳不断积累,到揭开草苫又累积到最高值,约 500~600 mg/kg。

从以上设施内二氧化碳浓度的变化规律可以看出,在揭开草苫后,由于作物的光合作用消耗了设施内的二氧化碳,使植物处于二氧化碳饥饿状态,此时如能及时进行二氧化碳的补充,能促进作物保持持续的、长时间的光合作用旺盛状态,制造更多的养分,促进作物的生长,提高产量和品质。

2. 二氧化碳施肥

二氧化碳施肥主要是采用相应的手段,增加设施内二氧化碳的浓度。二氧化碳施肥的方法很多,可因地制宜地进行选择,同时也应考虑二氧化碳施肥的时期、施肥时间的长短和浓度的高低等,只有这样才能合理利用资源,降低生产成本,提高经济效益。

(1) 二氧化碳的补充时期

一般苗期的生长量小,对二氧化碳的需求总量也相对较小。但此时期增施二氧化碳能明显地促进幼苗的生长发育。据有关试验,黄瓜苗定植前施用二氧化碳,能增产 10%~30%;番茄苗期施用二氧化碳,能增加结果数 20%以上。苗期补充二氧化碳可从真叶展开后开始,以花芽分化前开始施肥的效果最好。此外,由于苗期的秧苗较矮小,可以利用小拱棚覆盖等措施,减小生长的空间,从而降低了二氧化碳的施肥量,降低成本,提高效益。

作物定植后到坐果前(有些蔬菜是产品器官形成前)的一段时间里,植物主要以营养生长为主,植物制造的养分主要用于营养体的扩大,外观上表现为植物个体的迅速增大,生长速度比较快,对二氧化碳的需求量也增加,但此期施肥却容易引起徒长,应谨慎施用,并与防止作物徒长的措施结合运用才能取得良好的效果。

产品器官形成期为作物对碳水化合物需求量最大的时期,也是二氧化碳施肥的关键时期,此期即使外界的温度已升高,通风量加大了,也要进行二氧化碳施肥,将上午 8~10 时植物光合效率最高时间内的二氧化碳浓度提高到适宜的范围内。栽培后期,生产量减少,栽培效益也比较低,一般不再进行施肥,以降低生产成本。

(2) 二氧化碳的补充时间

在一天之中日出后 30 min 左右,设施内二氧化碳浓度逐渐下降,此时施入二氧化碳最为合适。具体做法是:在施放二氧化碳以前,密闭的棚、室可以先揭开通风口小通风,以降低棚、室内的温度。之后关闭通风口,让棚、室升温,温度达到 15 ℃时开始施放二氧化碳。晴天持续施放 2 h 以上,并维持适宜的浓度,至通风前 1 h 停止。停止施放后的一段时间内,设施内的二氧化碳浓度仍然较高,可让作物继续吸收利用。1 h 左右后,应根据设施内的温度状况及时进行通风,既可防止设施内的高温危害,同时可利用通风对设施内的二氧化碳浓度进行补充(因为大气中的二氧化碳浓度通常在 330 mg/kg 左右)。阴雨天气可停止施放。下午施肥容易引起植株徒长,除了植株生长过弱,需要促进的情况外,一般不在下午施肥。

(3) 二氧化碳的施用浓度

施用二氧化碳的最适浓度与作物种类、生育阶段、天气状况等密切相关,在温度、光照、肥料等较为适宜的条件下,一般蔬菜作物在二氧化碳浓度为 600~1 500 mg/kg 的情况下,其光合速率最快。其中,果菜类以 1 000~1 500 mg/kg、叶菜类以 1 000 mg/kg 的浓度为宜。阴天阳光不足、温度偏低时,可根据具体情况施用二氧化碳,浓度控制在 500~600 mg/kg 左右,也可不施用。雨天应停止施用。

3. 二氧化碳施肥方法

进行二氧化碳施肥期间,应注意保持设施的密闭性,防止二氧化碳气体外逸,提高二氧化碳的利用率,可降低生产成本。此外,增施二氧化碳后,作物生长旺盛,在栽培技术上也应采取相应措施才能取得丰产。例如,加强肥水管理,施肥时间段适当提高温度来促进光合作用,加大昼夜温差,可喷二氧化碳适当控制作物生长,防止徒长,还可根外追肥补充作物所需的矿质元素等。二氧化碳施肥的具体方法很多,下面作一简单介绍。

(1) 增施有机肥

在设施栽培中,增加有机肥的施用量,利用土壤中微生物的分解活动释放二氧化碳进行施肥。此方法简单易行,肥源丰富,成本低,但二氧化碳发生量集中,也不易掌握,可采取分层施肥的方法加以调节。

(2) 燃烧天然气(包括液化石油气)

其装置为二氧化碳释放器,通常安装在作物的上部,利用风扇将充分燃烧后的气体送出,二氧化碳气体依靠自身比重较大的优势慢慢回落到植物群体中,供作物吸收利用。因为是直接在设施内燃烧天然气等,因此要求天然气的纯度较高,同时控制好燃烧时间,防止设施内因氧气不足而燃烧不完全,引起一氧化碳中毒。

(3) 液态二氧化碳

液态二氧化碳为酒精工业的副产品,经压缩装在钢瓶内,可直接在设施内释放,容易控制用量,肥源较多,成本相应较高。

(4) 固态二氧化碳(干冰)

将固态二氧化碳放在容器内,任其自身扩散,可起到良好的施肥效果,但成本较高,适合于小面积试验用。

(5) 燃烧煤和焦炭

燃料来源容易,但直接燃烧产生的二氧化碳浓度不易控制,在燃烧过程中常伴有一氧化碳和二氧化硫有害气体产生。所以在生产上常使用二氧化碳气肥增施装置。基本原理是:用燃气过滤器滤除燃烧所产生的粉尘、煤焦油等成分后,再由空气压缩机将燃烧后产生的气体送入反应室,经发泡器分解为微小气泡,在药液中进行气液两相化学反应,进一步吸收其中的有害成分,最后输出纯净的二氧化碳。

(6) 投放二氧化碳颗粒肥

该产品以优质碳酸钙为原料,与营养元素的载体相组合,经机械加工成颗粒状气肥,水分≤3%,硬度≥6 N。使用时,将颗粒肥埋于作物行间或施于地膜下,667 m^2 的用量为40~50 kg,释放二氧化碳时间约为两个月。

(7) 化学反应法

此方法是采用碳酸盐或碳酸氢盐和强酸反应产生二氧化碳的原理,我国目前应用此方法最多。现在国内浙江、山东有几个厂家生产的二氧化碳气体发生器都是利用化学反应法产生二氧化碳气体,已在生产中有较大面积的应用。

使用化学反应法,方法简便有效而且经济,所以各地运用较多,方法也较多,在此作一简单介绍。

① 利用工业硫酸和农用碳酸氢铵反应产生二氧化碳气体。施用浓度为1 000 cm^3/m^3,在面积为667 m^2 的棚室内均匀地设置40个容器,如塑料盆、瓷盆、坛子、瓦罐,但不能使用金属器皿。将浓度为90%的工业用硫酸与水按1:3的比例稀释(注意先将水注入容器内,然后缓慢地将硫酸倒入水中),每个容器倒入工业用浓硫酸0.5 kg。每个盛硫酸溶液的容器中,每天加入碳酸氢铵90 g,即可在667 m^2 的棚、室内供给相当于1 000 cm^3/m^3 的二氧化碳。一般加一次酸可供3 d加碳酸氢铵之用,当加入碳酸氢铵后不再冒泡或白烟时,即表明硫酸已反应完毕,应将生成物清除(可用做根际施肥)。施放二氧化碳的时间在一天之中日出后30 min,棚、室内温度达15 ℃时开始,此时要将棚、室密闭。

② 将一定数量的塑料桶用铁丝进行固定或吊挂起来(桶数根据棚室大小和施肥浓度计算),要求桶口高于作物的生长点。然后将施气肥20~30 d所需的碳酸氢铵用水均匀地溶解在各个塑料桶内,每天施肥时,在各个桶内注入一定量的浓硫酸即可,此法无需担心不施肥时浓硫酸的挥发。具体计算办法为:每日用碳酸氢铵量(g) = 设施内体积(m^3) × 所需二氧化碳浓度 × 0.003 6;每日用硫酸量 = 每日需要碳酸氢铵量 × 0.62。

二氧化碳施肥种类、原理、方式、优缺点见表6-20。

表 6-20　二氧化碳施肥种类、原理、方式、优缺点介绍

方法名称	原　理	方　式	优　点	缺　点
通风换气法	与大气交换来补充室内二氧化碳亏缺	强制通风、自然通风	成本低、易操作、应用广泛、安全、易行	二氧化碳浓度只能增加到 300 mg/kg，而达不到蔬菜所需的二氧化碳最适浓度；受外界气温限制，冬季使用有困难
土壤施肥法	给土壤施入可产生二氧化碳的各种肥料，利用其分解出的二氧化碳来持续不断地补充设施内的二氧化碳	增施有机肥法、深施碳铵法、固体二氧化碳颗粒肥法	成本低、方法简单、易操作、应用广泛、兼有他用、安全、易行	效果缓慢、易产生有害气体、不易控制
生物生态法	通过室内其他有用生物活动释放二氧化碳来补充蔬菜所需的二氧化碳	蔬菜与食用菌培养间作、"种养沼"三位一体	多方面利用、安全、简单易行、成本低	效果缓慢、不易控制
化学反应法	利用酸与碳酸盐的反应生成二氧化碳	硫酸碳铵法、固体酸碳铵法	成本较低、效果明显、气体纯	不安全、操作烦琐
电解法	电解原理	工业式	气体纯、气量大、易控制	成本昂贵，只适于现代化保护地生产
燃烧法	通过燃烧反应产生二氧化碳	固体燃烧法（如木材、煤、焦炭等）、液体燃烧法（如白煤油等）、气体燃烧法（如石油、天燃气）	使用方便、易于控制、产气量大、有温度正效应	成本偏高、易产生有害气体
纯二氧化碳法	纯二氧化碳在室温下蒸发或升华来产生二氧化碳	液态（钢瓶装）法、固态二氧化碳（干冰）法	二氧化碳纯净、施用方便、劳动强度低、气量大	成本高、投资大、有显著的温度负效应、运输不便

4. 增施二氧化碳应注意的问题

① 在水肥充足、气温较高、光照较好的条件下，设施密闭环境中增施二氧化碳对促进作物生长发育获得高产优质效果明显。施放时间在上午放风前进行，通风后或全天通风后以及阴雨天无光照的条件下不宜进行二氧化碳施肥。

② 大温差管理可提高二氧化碳施肥效果。上午在较高温和强光下增施二氧化碳，利于光合作用制造有机物质；而下午加大通风，使夜间有较低的温度，增加温差有利于光合产物的运转，从而加速作物生长发育与光合有机物的积累。

③ 由于二氧化碳比空气重，为使增施的二氧化碳能均匀施放到作物功能叶周围，应将

二氧化碳发生装置或输气管道置于植株群体冠层高度位置,并采取多点施放或增加施放管上的孔数以保障其均匀性,使增施的二氧化碳得到充分而有效的利用。

④ 化学反应使用的硫酸腐蚀性强,因此要注意使用的安全性,包括稀释硫酸时应将硫酸沿器壁倒入水中,加强搅拌;容器不能用金属材料;操作时应尽量戴防护手套、眼镜,以防操作人员皮肤、衣服被烧破;待其反应完全终止,残液在充分稀释后再利用,以防余酸对作物产生危害。

⑤ 燃烧法由于燃烧不同及燃烧程度差异,可能在所产生的气体中混有一氧化碳等有害气体,因此一定要采取措施加以滤除,防止其对作物产生不利影响。

⑥ 长时间高浓度施用二氧化碳会对作物产生有害影响,如使植株老化、叶片反卷、叶绿素下降等,因此,使用浓度应略低于最适浓度,适当减少施用次数,同时加强水肥管理。

⑦ 施用二氧化碳期间,应使棚室保持相对密闭状态,防止二氧化碳气体逸散至棚外,以提高二氧化碳利用率,降低生产成本。

⑧ 设施栽培蔬菜作物种类不同,发育期不同,其植株群体高度也有差异,叶面系数均有不同,应根据作物生育期和株体高度调节二氧化碳补给量。

本章小结

本章主要介绍了设施内环境中光照、温度、湿度、土壤和气体等条件的特点以及变化规律;还介绍了设施内环境条件调控的主要措施和方法。通过本章的学习,要求学生掌握设施内的小气候特点,能根据设施小气候的变化规律合理地进行环境条件的调节,减轻病害的发生,克服土壤障碍的产生和有害气体的发生,提高产品质量和产量。

复习思考

1. 影响设施内光照条件的因素有哪些?
2. 如何增加设施内的光照,改善作物生长条件?
3. 设施内温度的变化特点有哪些? 如何进行保温、降温和人工加温?
4. 如何来降低设施内的空气湿度?
5. 如何对土壤进行合理的管理,促进生产能力的提高?
6. 如何进行二氧化碳施肥,防止有害气体的产生?

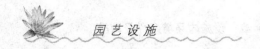

第7章 夏季保护地设施及其他

本章导读

本章主要介绍了南方地区夏季常用的保护地设施,如遮阳网、防虫网等,还介绍了设施的性能特点、在生产上的运用以及管理中的注意点。夏季保护地设施虽然比较简单,但其性能突出,对夏季园艺作物生产增产增效效果明显,因此,在学习过程中要掌握好其特性和使用方法,科学管理,提高效益。

7.1 遮阳网

我国传统的遮阳、降温、防暴雨、保温的覆盖材料主要是芦帘和草苫。20世纪70年代末、80年代初,一些出国学者将国外现代遮阳、降温网带回国内进行研究,看到了其明显的遮阳、降温、防暴雨的效果。20世纪80年代中后期,国内研制出高强度、耐老化遮阳网,并进入生产试验。1990年全国农业技术推广总站推广,1997年用网量达1亿平方米,覆盖栽培面积为6万公顷,每年新增和更新遮阳网面积达1 500~2 000万公顷。以往遮阳网主要用于蔬菜的栽培与育苗,目前已成为夏季园艺设施的主要降温措施,被广泛地应用于设施的内遮阳、外遮阳覆盖,其覆盖形式也趋于多样化。

7.1.1 遮阳网的型号、规格及性能

塑料遮阳网简称遮阳网,又称凉爽纱,它是以聚乙烯树脂为原料,通过拉丝、绕,然后编织而成,是一种高强度、耐老化、轻质量的网状新型农用覆盖材料。目前广东、江苏、浙江、上海、山东、北京、四川等省市均有生产,成为长江、黄河流域及以南地区堵两缺、培育壮苗的重要措施。随着科学技术的发展,生产成本的降低,遮阳网新品的不断开发,遮阳网必将在生产和人们的生活中发挥越来越大的作用,为社会创造更多的经济效益和社会效益。

遮阳网在外观上要求色泽均匀,网表面平整,排列整齐均匀,没有断丝或绞丝。根据纬

经的一个密区(25 cm)中用编丝的数量,如8、10、12、14 和 16 根等,将产品定名为 SZW-8、SZW-10、SZW-12、SZW-14 和 SZW-16。遮阳网的遮光率和经纬拉伸强度,主要与纬经每 25 cm 的编丝根数成正相关,编丝根数越多,遮光率越大,纬向拉伸强度也越强,但编丝的质量、厚薄、颜色也会影响遮光率和拉伸强度。生产上常用的遮阳网的透光率在 35% ~ 65%,可根据生产要求具体选用。不论何种规格,经向的拉伸强度差别不大。遮阳网的宽度有 900、1 500、1 800、2 000、2 200、2 500 和 4 000 mm 等几种,颜色有黑、银灰、白、果绿、蓝、黄、黑与银相交等色。生产上使用较多的为 SZW-12 和 SZW-14 两种型号。其宽度以 1 800 ~ 2 500 mm 为主,颜色以黑色和银灰色为主,每平方米的重量分别为(45 ± 3) g 和(49 ± 3) g,使用寿命一般为 3 ~ 5 年。

除此之外,铝网膜遮阳网在现代玻璃温室中也被广泛采用,它是一种添加金属的聚乙烯塑料编织品,塑料加入金属的纤维线经过抗紫外线处理后,用特殊工艺编织而成,网质柔软,有光泽,抗拉力强,可反复使用,用清水冲洗即可干净,有很长的使用寿命。设施内覆盖铝网膜遮阳网如图 7-1 所示,普通黑色遮阳网如图 7-2 所示。

图 7-1 设施内覆盖铝网膜遮阳网

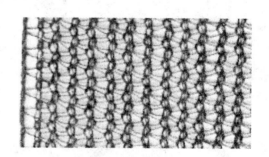
图 7-2 普通黑色遮阳网

7.1.2 遮阳网的覆盖方式

1. 浮面覆盖

在夏季,由于气温高,土壤温度也高,因此水分蒸发快。对于蔬菜或花卉播种来说,则由于土温过高,往往土壤湿度低而影响种子的正常发芽,播种后及时覆盖遮阳网,利用遮阳网的半封闭性和较强的遮光性,可有效地降低土壤温度,减少水分的蒸发,提高土壤湿度,促进种子发芽(图 7-3)。在应用时,应经常观察种子的发芽情况,并选择在傍晚或阴天及时揭除遮阳网(如阳光太强时可改成小拱棚覆盖等,以后逐渐揭除,以防失水回芽),防止幼芽伸入遮阳网的孔隙造成损失。在夏季定植幼苗时,利用遮阳网覆盖,同样可起到促进幼苗生长和提高幼苗成活率的作用(图 7-4)。幼苗成活后,应逐渐缩短覆盖时间,如中午覆盖、早晚揭开等,让幼苗慢慢适应自然条件。

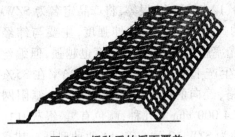

图7-3 播种后的浮面覆盖

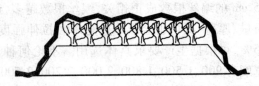

图7-4 幼苗定植后的浮面覆盖

2. 设施外覆盖

设施外覆盖主要用于夏季降低设施内的温度,因采用遮阳网覆盖,大大降低了进入设施内的太阳光能,因此能有效地降低设施内的温度。其降温效果优于设施内覆盖。各种设施外覆盖方式见图7-5~7-8。

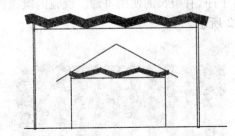

图7-5 玻璃温室外、内双层遮阳网覆盖

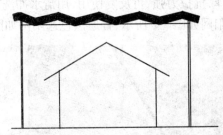

图7-6 玻璃温室外遮阳网覆盖

图7-7 大棚覆盖遮阳网及压膜固定示意图

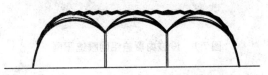

图7-8 连栋大棚外层遮阳网、内层薄膜覆盖方式

3. 设施内覆盖

设施内覆盖是现代化温室的主要配套设备之一,多采用机械化的作业方式。此外,可利用铁丝做二道幕的形式或利用连栋大棚内层拱架进行覆盖(见图7-9)。

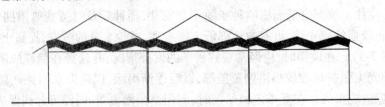

图7-9 设施内覆盖示意图

4. 遮阴棚覆盖

用水泥柱或钢管做支柱,在横竖方向上都是每隔3 m左右一根,然后在支柱的上端固定好拉杆(拉杆多用6分的自来水管),形成方格状,最后将遮阳网用细铁丝固定在拉杆上制作成遮阴棚(图7-10)。遮阴棚可用于夏季大面积蔬菜生产或花卉生产,也常常用于花卉越夏。

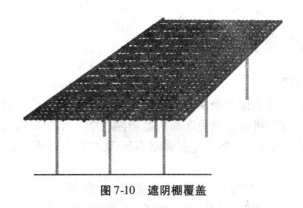

图 7-10　遮阴棚覆盖

7.1.3　遮阳网的覆盖效应

1. 遮光降温

遮阳网的遮光率为 25%～75% 不等,炎夏覆盖地表温度可降 4 ℃～6 ℃,最多可降 12 ℃ 以上;地上 30 cm 气温下降 1 ℃ 左右;5 cm 深土层处的地温下降 3 ℃～5 ℃,做地表浮面覆盖时可降地温 6 ℃～10 ℃。

2. 防雨抗雹

因遮阳网机械强度较高,可避免暴雨、冰雹对蔬菜的机械损伤,防止土壤板结及雨后暴晴引起的倒苗、死苗。

3. 保墒抗旱

据测试,浮面和封闭式大小棚覆盖,土壤水分蒸发量可比露地减少 60% 以上;半封闭式覆盖,秋播小白菜生长期间浇水量可减少 16.2%～22.2%。

4. 保温抗寒

江南地区主要用于夏季抗热防暴雨栽培,也用于秋季防早霜、冬季防冻害、早春防晚霜。据测试,冬、春季覆盖,气温可提高 1.0 ℃～2.8 ℃,对耐寒叶菜越冬有利;早春茄、瓜、豆类菜可提早 10 d 播种、定植。

5. 避虫防病

据广州市调查,银灰色网避蚜效果可达 88%～100%,对菜心病毒病防效达 95.5%～98.9%,对青椒日灼病防效达 100%。封闭式覆盖可防小菜蛾、斜纹夜蛾、菜螟等多种虫害入侵产卵,可实现叶菜不打药生产,既省药、省工,又利于健康。

6. 保持温度,节约能源

铝网膜遮阳网中所含有的铝金属,可阻挡红外辐射,同时可把热量反射到温室内的植物和其他物件上。在遮阳网之下,叶温高于四周温度,可防止冰霜造成的损失。在冬季和夜间,有隔热保温的作用,能有效地阻止热量的散失,降低冬季温室的运行成本,可提高温室内温度 2 ℃～3.5 ℃,节能达 40%～70%,可降低能耗费用约 20%。

7.1.4 遮阳网覆盖的技术要点

1. 正确选择遮阳网

在遮阳网的选用上,要根据栽培季节和栽培作物的需光特性进行合理选择。夏季阳光强或作物耐阴能力较强的,可选择遮光率高的遮阳网;在春、秋季节栽培或作物属喜光类型的,应选用遮光率较低的遮阳网,防止光照强度不足,影响作物正常生长。

2. 灵活管理

所谓灵活管理是指应根据每天的气候条件进行揭、盖,通常原则为"早晚揭,中间盖;阴天揭,晴天盖;小雨揭,大雨盖"。播种、定植时盖,出苗、成活后及时揭除或改用其他覆盖方式。总之,应做到根据每天的气候条件、作物的生长特性勤揭勤盖,达到调节小气候条件,促进良好生长的目的。

7.2 防虫网

防虫网是一种新型的覆盖材料,采用添加防老化、抗紫外线等化学助剂的聚乙烯为原料,经拉丝编织而成,通常为白色,形似窗纱。其具有抗拉强度大、抗紫外线、抗热、耐水、耐腐蚀、耐老化和无毒等性能,是20世纪90年代开发应用的覆盖材料。目前,在全国绿色农产品生产上被广泛应用,已经取得了良好的经济效益与显著的社会效益。

7.2.1 防虫网的规格及覆盖方式

防虫网的幅宽有1、1.2、1.5 m等规格,网格大小有20、24、32、40目等。使用寿命一般在3年以上。防虫网在应用时,应根据主要的防治对象加以选择。一般害虫选择20~24目规格的防虫网即可,用于采种田隔离防止昆虫风力传粉,则应采用目数高的防虫网。

防虫网覆盖方式分为完全覆盖和局部覆盖两种。

1. 完全覆盖

将防虫网完全封闭地覆盖于栽培作物的表面,或拱棚的棚架上(图7-11)。每亩地的用量约为900 m²。

图7-11　大面积露地生产覆盖

2. 局部覆盖

只在大棚和日光温室的通风口、通风窗、门等部位覆盖防虫网,在不影响设施性能的情况下达到防虫效果(图7-12)。

7.2.2 防虫网覆盖的技术要求

防虫网覆盖栽培,可不用或少用农药,减少农药残留污染,对生产无公害农产品具有重要意义。其主要技术要求如下:

图7-12 大棚侧通风口覆盖

1. 覆盖前进行土壤消毒和化学除草

这是防虫网覆盖栽培的重要配套措施,目的是杀死残留在土壤中的病毒和害虫,阻断害虫的传播途径。防虫网四周要用土压实,防止害虫潜入产卵。随时检查防虫网破损情况,及时堵住漏洞和缝隙。

2. 实行全生育期覆盖

防虫网遮光不多,对作物的生育影响不大,不需日揭夜盖或晴盖阴揭。一般风力下可不用压网线,如遇5~6级大风时,需加上压网线,以防掀开或破损。

3. 选择适宜的规格

根据作物、当地主要害虫种类、季节等,选择防虫网的幅宽、孔径、颜色。目数过多、网眼小的防虫效果好,但遮光多、通气差,对作物生长不利。建议使用20~24目、丝径0.18 mm、幅宽1.0~1.2 m的防虫网。在夏季选用银灰色的防虫网能更加有效地防止蚜虫和降低地温。

4. 综合配套措施

选用耐高湿、高温和抗病良种,使用无公害有机肥、生物农药,应用无污染的水源进行灌溉等。

5. 喷水降温

防虫网虽然防虫效果好,但白色防虫网在气温较高时,网内气温、地温较网外高1℃左右,给蔬菜生产带来一定影响,因此7~8月份气温特别高时,可增加浇水次数,以降温。

7.2.3 防虫网的作用及应用范围

1. 防虫网的作用

(1) 调节气温和地温

据试验,25目白色防虫网下,大棚温度在早晨和傍晚与露地持平,而晴天中午高温条件下,则网内温度比露地高约1℃,大棚10 cm深土层处的地温在早晨和傍晚时高于露地,而在午时又低于露地。

(2) 遮光调湿

25目白色防虫网的遮光率为15%~25%,低于遮阳网和农膜。但银灰色防虫网的遮光率为37%,灰色防虫网的遮光率可达45%。覆盖防虫网,早晨的空气湿度高于露地,中午和傍晚时都低于露地。网内相对湿度比露地高5%左右,浇水后高近10%,特别适于夏、秋季栽培用。

(3) 防霜、防冻

早春3月下旬至4月上旬,防虫网覆盖棚内比露地气温高1℃~2℃,5 cm深土层处的地温比露地高0.5℃~1℃,能有效防止霜冻。

(4) 防暴雨、抗强风

夏季强风暴雨会对蔬菜造成机械损伤,使土壤板结,发生倒苗、死苗现象。覆盖防虫网后,由于网眼小、强度高,暴雨经防虫网撞击后,降到网内已成蒙蒙细雨,冲击力减弱,有利于蔬菜的生长。据测定,25目防虫网下,大棚中风速比露地降低15%~20%。30目防虫网下,风速降低20%~25%,因而防虫网具有较好的抗强风作用。

(5) 防虫、防病毒病

覆盖防虫网后,基本上能免除菜青虫、小菜蛾、甘蓝夜蛾、甜菜夜蛾、斜纹夜蛾、黄曲条跳甲、二十八星瓢虫、蚜虫、美洲斑潜蝇等多种害虫的为害,控制由于害虫的传播而导致病毒病的发生。

(6) 增产增收,提高品质

据试验,25目白色防虫网大棚覆盖的产量最高,可增产30%左右;网内青菜农药污染少、无虫眼、清洁、少泥,收获期比露地提前4~5 d,商品性好。

(7) 保护天敌

防虫网构成的生活空间,为天敌的活动提供了较理想的环境,又不会使天敌逃逸到外围空间去,这为应用推广生物治虫技术创造了有利条件。

2. 应用范围

(1) 叶菜类

防虫网主要用于小白菜、夏大白菜、夏秋甘蓝、菠菜、生菜、花菜、萝卜等叶菜类的生产。此类蔬菜露地生产虫害多、农药污染严重。

(2) 茄果类

此类蔬菜在夏、秋季节易发生病毒病,防虫网阻断害虫传毒途径,减少了病毒病的传染。

(3) 瓜类

防虫网主要用于甜瓜、南瓜、西瓜等瓜类的生产,有利于减轻病毒病的发生和黄守瓜、瓜绢螟等的为害。

(4) 豆类

防虫网对豆荚螟、美洲斑潜蝇的控制效果达95%以上,还可以增加叶绿素含量,增加叶面积,增强根系活动。

(5) 育苗

每年6~8月份是秋季蔬菜育苗的季节,正值高温、暴雨、虫害频发期,育苗难度大。使用防虫网后,蔬菜出苗率高,成活率也高。

(6) 蔬菜制种和繁种

目数较高的防虫网可防止因昆虫活动造成的品种间杂交,广泛应用于蔬菜的制种和繁种。

7.3 防雨棚

夏秋季节栽培园艺作物和育苗时,为了防止暴雨的冲击,同时加大通风量,将塑料拱棚四周的薄膜(围裙)去掉,仅留顶部塑料薄膜,这种覆盖方式称为防雨棚。防雨棚结构简单,便于操作,是夏季果菜类、豆类和葡萄生产等最为经济有效的手段,特别是在南方,夏季雨水多、地下水位较高的地区,其生产作用更加突出。

7.3.1 防雨棚的种类

根据拱架大小的不同,可分为小拱棚式防雨棚和大棚式防雨棚两种。

1. 小拱棚式防雨棚

利用小拱棚的拱架,在顶部覆盖塑料薄膜,四周通气(图7-13)。

图7-13 利用小拱棚拱架的防雨棚

2. 大棚式防雨棚

在夏季将大棚四周的塑料薄膜(围裙)除去,仅留顶部薄膜防雨,气温过高时还可在顶部薄膜上加盖遮阳网(图7-14)。建造防雨棚时,注意四周应设排水沟,提高土壤的排水能力。

图7-14 利用大棚拱架的防雨棚

7.3.2 防雨棚的作用

1. 防暴雨维护土壤良好结构

防止暴雨直接冲击土壤,避免水、肥、土的流失和土壤板结,促进根系和植物的正常生长,防止作物倒伏。

2. 改善小气候条件

与遮阳网相结合,可有效地改善设施内的小气候条件,降低气温和地温,避免暴雨过后土壤水分和空气湿度过大。

3. 减轻病害的发生

在园艺作物栽培中,有许多病害主要是通过雨水传播,利用防雨棚可以有效地防止土壤中的病菌随雨水传播,显著降低病害的发生。

4. 提高座果率

对于开花结果的植物来说,可以改善授粉受精条件,提高座果率和果实的质量。

7.3.3 防雨棚的使用与维护

防雨棚可以用新膜也可以用旧膜,主要是根据栽培作物而定。在使用过程中应注意加强固定,防止大风吹翻;对破损部分及时进行修复,防止防雨效果的下降。

本章小结

本章介绍了遮阳网、防虫网和防雨棚的结构与性能。设施简单实用,但在园艺作物夏季生产中起着重要的作用。如利用遮阳网降温育苗,为秋季生产提供了保障;利用防虫网覆盖栽培,在夏季虫害密度较大的情况下,减少农药的使用,生产无公害蔬菜等。因此,在生产过程中要掌握其正确的使用和管理方法,更好地发挥其性能,创造更高的经济效益。

复习思考

1. 遮阳网有哪些作用?
2. 如何正确选择和管理遮阳网?
3. 如何科学管理防虫网,提高经济效益?
4. 防雨棚有哪些作用?在生产上如何应用?

第8章 无土栽培技术

本章导读

本章主要介绍了无土栽培的优缺点,无土栽培基质的物理和化学性质;水培常用的几种方法;无土栽培营养液的配制技术和管理技术。通过本章的学习,要求学生掌握基质物理性质的测定方法;掌握营养液的配制技术和日常管理技术;能按照无土栽培技术要求,进行设施的搭建和维护。

无土栽培是近几十年发展起来的一种作物栽培新技术。按照世界各国的惯例,无土栽培是一种不使用天然土壤作为基质的作物栽培技术,它是将作物直接栽培在一定装置的营养液中,或者是栽培在充满非活性固体基质和一定营养液的栽培床上,因其不用土壤,所以称为无土栽培,又称营养液栽培或简称水耕。

8.1 无土栽培的特点

无土栽培是现代化农业最先进的栽培技术,从栽培设施到环境控制都能做到根据作物生长发育的需要来进行调控,因此,具有土壤栽培无法比拟的优点,但同时也存着一些抑制无土栽培发展的缺点。

8.1.1 无土栽培的优点

① 消除了土壤传染的病虫害,避免了连作障碍。在保护地栽培中,由于设施条件的限制,为争取高效益,往往种植单一、连作频繁,从而导致土传病虫害严重发生;此外,施肥的不科学和土壤本身的因素等,也导致土壤盐分不断积累,土壤酸化和盐渍化的发生。这些原因产生的后果就是生产成本的不断加大、土壤的生产能力持续下降、生产风险增大和生产效益不稳定。利用无土栽培技术,能在技术上有效地避免土壤连作障碍的发

生,即便是单一品种也可连续生产,稳产高产,故无土栽培是解决设施内土壤连作障碍的有效途径。

② 提高作物的产量及品质,实现早熟高产。例如,无土栽培番茄可提早成熟 7~10 d,产量可提高 0.5~1 倍。

③ 节水节肥。无土栽培是根据作物生长发育的需求,及时调整营养液的浓度、补充水分,因此,更加符合作物生长的需要,水、肥的利用率也大大提高,无土栽培可比传统土壤栽培节省水达 50%~70%,节省肥料达 30%~40%。

④ 降低了劳动强度,省工省力。无土栽培是利用设施栽培和电脑智能化管理,省去了土壤耕作中的整地、施肥、中耕除草以及喷施农药等田间劳动,田间管理工作大大减少;在无土栽培中营养液供应和管理实现了机械化或自动控制,改善了劳动条件,节省劳力 50%以上。

⑤ 无土栽培不受场所限制,可以充分利用各种场地和资源。例如,可以在楼顶、阳台、屋面、走廊、墙壁等地进行无土花卉、蔬菜、小盆景及观赏植物的栽培,可美化环境、陶冶情操、增添生活乐趣。另外,由于无土栽培不受土壤条件的限制,还可以在不能进行土壤栽培的地方如沙漠、油田、海涂、盐碱地、荒山、岛屿和土壤严重污染的地方应用,对于解决这些地区人民的蔬菜供应有着特殊的意义。

⑥ 无土栽培可提高园艺产品的质量。由于无土栽培施用的是化学肥料和经充分腐熟的有机肥料,因此病虫害相对较少,减少了农药的使用。此外,城市近郊和工矿区的蔬菜生产,往往容易受到废水、废气、废渣和城市垃圾的污染,造成品质下降,甚至有碍人们的身体健康。而应用无土栽培技术生产蔬菜,则可避免上述污染,保证品质;花卉更加卫生。

8.1.2　无土栽培的缺点

① 一次性设备投资较大。因为无土栽培不能在露地进行,需要有相应的温室、大棚等栽培设施投入,同时也还要有相应的设备,如栽培槽、水泵、支架等,因此初次使用时一次性投资较大。

② 无机型无土栽培,用电多,肥料费用高。为了适应我国的国情,中国农业科学院蔬菜花卉研究所已研制出了有机生态型无土栽培方法,使其成本降低,可操作性增强。

③ 技术水平要求高,管理人员必须经过系统的学习或培训。

8.2　国内外无土栽培发展概况

8.2.1　我国无土栽培发展近况

我国无土栽培始于 1941 年,但由于生产成本太高而放弃。20 世纪 70 年代后期,山东农业大学率先进行无土栽培生产试验,并取得了成功。改革开放以来,中国农业大学园艺学院、中国农业科学院蔬菜花卉研究所、南京农业大学、上海农业科学院、北京蔬菜研究中心、江苏农业科学院、华南农业大学等许多单位,都开展了有关无土栽培的研究与开发工作,并加以推广应用,取得了一批有价值的研究成果。1985年成立了我国第一个学术组织"中国农业工程学会无土栽培学组",积极推动了我国无土栽培技术的发展。1988年5月,中国首次出席了在荷兰召开的第7届国际无土栽培学会年会,并在会上发表了论文,引起了很多国家的重视。1994年在浙江杭州,中国首次召开了国际无土栽培学术会议,影响很大。到了20世纪90年代中期,国外现代化温室的引进和国内节能型日光温室及大棚的迅速发展,使我国无土栽培开始步入推广阶段。我国是一个水资源紧缺的国家,因此,采用无土栽培技术,节约水资源,是保持农业生产持续稳定发展的重要措施之一。

我国无土栽培的主要方式有营养液膜技术(NFT)、深液流技术(DFT)、浮板毛管水培法(FCH)、袋培(bag culture)、鲁SC无土栽培法、有机生态型无土栽培等。利用无土栽培进行生产的蔬菜主要有番茄、黄瓜、甜椒、甜瓜、草莓、生菜、芹菜、菠菜等;花卉主要有康乃馨、金鱼草、山茶花、菊花、仙客来、兰花、荷花、月季、满天星等。就其栽培方法而言,我国北方主要是以基质栽培为主;南方主要是以水培为主;国外引进的大型玻璃温室,主要以岩棉培为主,如蔬菜栽培方面,有黄瓜、番茄、甜椒等生长期和采收期较长的种类。

8.2.2 我国无土栽培的发展前景

随着现代科技的发展、我国综合国力不断提升,生产专业化、管理智能化和资源节约化的无土栽培生产技术将会被越来越多的生产者所采纳。优质高产的产品、清洁卫生的生产环境也是众多生产者的追求。节省资源、提高资源的有效利用率,是保持国民经济持续健康发展的必然要求。因此,无土栽培在我国有着广阔的发展前景,表现如下:

① 随着我国城市发展的不断推进,耕地面积迅速减少,目前已成为稀缺资源。在地少人多的矛盾中,要解决好农产品问题,无论是从农产品的产量(无土栽培的产量通常是土壤栽培的3~6倍)还是产品的安全性来说,发展无土栽培技术应该是首选之一。

② 在经济较为发达的沿海大城市,观光农业、休闲农业、设施农业和都市农业等正在蓬勃兴起,为了提高农业生产的可观赏性,展示农业科技水平等,无土栽培是其重要的组成部分之一。工矿区、石油开发区、海岛、沙漠等土壤条件恶劣的地区,将是无土栽培发展的重点地区,也将成为这些地区农产品的主要供给方式之一。

③ 无土栽培的方法很多,各地可以根据本地的资源情况合理地选择。遵循就地取材、因地制宜、高效低耗的原则,在充分利用好本地资源的基础上发展无土栽培,形成多种生产方式并存的发展格局。

④ 由于无土栽培更有利于生产的工厂化、集约化,更有利于新技术、新设施在农业生产上的推广运用,因此能加快农业生产技术的升级、生产的规模化和服务社会化的进程。此外,无土栽培技术克服了土壤连作障碍、土壤病害的发生和蔓延,更加有效地降低了农药的使用,使农产品更加卫生、安全。

我国的无土栽培起步较晚,与国外一些发达国家相比仍有较大的差距,然而,由于我国幅员辽阔,气候和物产不同,资源方面存在着一定的差异,但从无土栽培这一学科本身的发展和其比传统土壤栽培所具有的优越性来看,充分利用各地丰富的自然资源或综合利用本地资源发展无土栽培,仍存在着巨大的潜力,也必将在今后土地资源不断减少、人口不断增加的形势下,对保障人们的物质需求方面作出更大的贡献。

8.2.3　国外无土栽培的发展历程

科学的无土栽培始于1859—1865年德国科学家Juliusvon Sachs和W. Knop的水培试验。在1925年以前,营养液只用于植物营养试验研究,并确定了许多营养液配方(如著名的Hoagland配方,1919)。1925年,温室工业开始利用营养液栽培取代传统的土壤栽培。"营养液栽培"(hydroponics)这个词最初是指不用任何固定根系基质的水培;之后,营养液栽培的含义进一步扩大,指不用天然土壤而用惰性介质如石砾、砂、泥炭、蛭石或锯木屑和含有植物必需营养元素的营养液来种植植物。现在一般把固体基质栽培类型称为无土栽培,无固体基质栽培类型称为营养液栽培(水培)。

1929年,美国Gericke教授水培番茄取得成功。第2次世界大战加速了无土栽培技术的发展,成为美军新鲜蔬菜的重要来源。第1个大型营养液栽培农场就建在南大西洋荒芜的阿森松岛上,这项采用粉碎火山岩作为生长基质的技术后来也应用到其他太平洋岛屿,如冲绳岛和硫黄岛。1956—1959年荷兰的Steiner做了大量番茄的水培试验,解决了水培过程中存在的缺铁和缺氧两大问题。无土栽培真正的发展要推到1970年丹麦Grodan公司开发的岩棉栽培技术和1973年英国温室作物研究所的Cooper开发的营养液膜栽培技术,并以欧洲为中心得到了迅速普及与推广。目前,世界上应用无土栽培技术的国家和地区已达100多个,栽培技术已相当成熟,并且进入了普及应用阶段,栽培作物的种类和栽培面积也正在不断增加,实现了集约化经营、工厂化生产,达到了优质、高产、高效、低耗的栽培目的。

8.2.4　发达国家无土栽培发展的特点

1. 栽培面积迅速扩大

1987年荷兰无土栽培面积达23 000 hm^2,占温室面积的26%。美国现有无土栽培蔬菜温室的面积近200 hm^2,栽培的蔬菜种类主要有番茄、黄瓜和莴苣(生菜)。到2000年,我国无土栽培的面积已达500 hm^2,而20世纪80年代以前几乎为零,可见其惊人的发展速度。

2. 单产水平高

例如,无土栽培蔬菜的产量,美国全国平均每茬番茄产135~150 t/hm^2,黄瓜产135~225 t/hm^2,莴苣产30~45 t/hm^2;荷兰平均每茬番茄产390~450 t/hm^2;英国平均每茬番茄产239 t/hm^2;日本平均每茬番茄产315~375 t/hm^2。我国目前无土栽培的单产,与国外发达国家相比尚有较大差距,这也为我们今后的努力提供了空间。

3. 无土栽培品种丰富

最开始无土栽培主要用于农作物的水稻、番茄、叶用莴苣的栽培,现在栽培的种类越来越多,从农作物到蔬菜、花卉,目前果树的无土栽培也正在兴起。作物的种类也在扩大,如蔬菜使用无土栽培的有叶菜类的生菜、蕹菜、菜心、小白菜、芥菜、香葱、苋菜等和果菜类的番茄、茄子、辣椒;瓜类使用无土栽培的有黄瓜、西瓜、甜瓜、苦瓜、丝瓜等;花卉方面使用无土栽培的种类有月季、菊花、香石竹、唐菖蒲、兰花、非洲菊、郁金香、巴西木、绿巨人、鹅掌柴等;盆景方面使用无土栽培的有榆树、福建茶、茶梅、九里香等。

4. 配套技术不断完善

在以往的无土栽培中,主要根据电导率的大小来判断营养液中各种元素的状况,是一个总量上的判断,对各种元素的实际含量无法判断,管理是一种比较粗放的、模糊的手段。现在,在发达国家已实现了自动化和计算机控制营养液的酸碱度和电导率,能通过对各种营养元素实际含量的判断,及时调整营养液中各种元素的含量,满足作物所需的营养元素。

在其他配套技术方面的研究发展也非常迅速,如用机器人移苗、上盆、采收、分级和产品的包装;用蜜蜂授粉代替过去用震荡器采粉授粉和激素处理,既节省人工,又保证了产品的质量和产品的商品率;用电解水的方法来消除水中的有害物质,调节酸碱度等。总之,随着研究的不断深入,无土栽培运用领域的发展将有一个新的飞跃。

5. 主攻研究方向明确

发达国家当前对无土栽培的研究主要集中在以下方面:来源容易、价格低廉、性质稳定、对环境无害的基质的研制;与栽培技术相配套的设施和设备的开发;基质添加的研制;营养液的配方研制;灌溉制度与消毒杀菌方法的研究等,形成自己特色的无土栽培生产模式,不断提高产量和产品的品质。

8.3 无土栽培的分类

无土栽培的类型和方法很多,目前没有统一的分类方法。根据基质的有无可分为无基质栽培和基质栽培;根据消耗能源的多少和对生态环境的影响,可分为有机生态型和无机耗能型。根据所用肥料的形态,可分为液肥无土栽培和固态无土栽培(图8-1)。

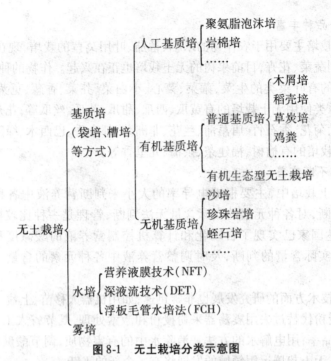

图 8-1 无土栽培分类示意图

8.3.1 固体基质培

固体基质培是指采用天然的或人工的或有机材料作为基质,代替原来土壤栽培的土壤,固定作物的根系,并通过基质吸收矿质营养、氧气的栽培方法。因此,固体基质培的基质主要作用有以下几点:支持和固定植物;保持一定的水分满足作物生长发育的需要;具有一定的透气性,能促进根系的发育;具备一定的缓冲作用,以维持比较稳定的根际环境和缓冲有害因素的危害。这样就对固体基质培的基质提出了一定的要求:① 具有一定大小的固形物质,确保基质的透气性和保水性两者间的协调。② 具有良好的物理性质,无毒和不含有毒物质;钠离子、钙离子等离子的含量也不能过高。③ 具有稳定的化学性质,对基质的 pH、电导率(EC)变化具有一定的缓冲能力;盐基交换量大,但在栽培过程中不因为盐基交换而影响其结构的变化。④ 要求基质取材方便,来源广泛,价格低廉。

根据所用基质材料的不同,固体基质又可分为人工基质、有机基质和无机基质。

1. 人工基质

人工基质是指利用矿质原料或石油化工原料,经一定的生产、加工工艺制成的适宜于作物栽培的材料,如聚乙烯发泡材料、聚氨酯泡沫、岩棉等。

2. 有机基质

有机基质种类很多,主要包括菇渣、树皮、草炭、锯末、鸡粪、稻壳、酒糟及作物秸秆等。有机物一般都要经过充分发酵、消毒、合理配比后,才能进行无土栽培。

3. 无机基质

无机基质主要包括沙、陶粒、炉渣、珍珠岩、蛭石等,一般都具有良好的化学稳定性,在生产上可重复使用。

在基质栽培中,有些基质可以单独使用,如岩棉、沙等;但有些基质不宜单独使用,应与其他基质按一定比例进行混合,制成混合基质,如锯末、鸡粪、聚氨酯泡沫等。经各地多年试验证明,混合基质理化性质好,增产明显,优于单独使用的基质。

8.3.2 水培

水培是指不使用固体基质固定作物根系的无土栽培法,通常根系直接或间接地与营养液接触。由于所使用的设施、设备以及技术的不同,它的栽培方法很多,总体上分为营养液膜法、深液流法、浮板毛管法三大类。

8.3.3 雾培

雾培是将作物根系悬挂于容器中,将营养液用喷雾的方法直接喷到植物根系上的栽培方法。

8.3.4 有机生态型无土栽培

有机生态型无土栽培是指用有机肥代替营养液,在栽培过程中主要用清水灌溉,排出液对环境无污染,能生产合格的绿色食品的无土栽培方式。

8.4 营养液的配制及其管理

营养液是将含有各种植物必需营养元素的化合物溶解于水中配制而成的溶液。营养液的配制与管理是无土栽培技术的核心,要真正掌握无土栽培技术,必须了解营养液的组成、配制及使用过程中的变化规律与调控技术。

8.4.1 营养液的原料及其要求

1. 水源选择

水是营养液中养分的介质,水质的好坏直接关系到所配制营养液的浓度、稳定性和使用效果。无土栽培生产中常用自来水、井水、河水等作为水源,有条件的可以通过收集温室或大棚屋面的雨水来作为水源。水源要求不含有杂菌,未受到农业和工业废弃物等污染源的污染(如化肥、农药、废液等的污染)。水质的主要指标包括钙、镁离子等总盐含量,pH和有毒离子的含量等。

配制营养液所用水的水质应达到:硬度(指水中含有的钙、镁盐的浓度高低,以每升水中

CaO 的重量表示,1 度 = 10 mg/L)一般以不超过 10 度为宜;pH 应在 6.5 ~ 8.5 之间,使用前水中的溶解氧应接近饱和;NaCl 含量应小于 2 mmol/L;自来水中液氯含量应低于 0.3 mg/L,一般自来水放入栽培槽后应放置半天,使其中的余氯散逸;重金属及有害健康的元素应低于容许限量(表 8-1)。

表 8-1 水源中重金属及其他有害元素最高容许限(mg/L)

元素	最高容许限	元素	最高容许限
汞(Hg)	0.005	铬(Cr)	0.05
镉(Cd)	0.01	铜(Cu)	0.10
砷(As)	0.01	锌(Zn)	0.20
硒(Se)	0.01	铁(Fe)	0.50
铅(Pb)	0.05	氟(F)	1.00

用于配制营养液的水若硬度过高或含杂质过多,则要测定其中某些营养元素的含量,以便按营养液配方计算用量时扣除这部分含量,特别是用井水或自来水做水源时应注意。雨水是很好的水源,属软水,钙、镁离子含量低。但因降雨过程会将空气中的尘埃和其他物质带入水中,所以应将收集的雨水澄清、过滤,必要时用消毒剂进行处理。究竟采用何种水源,可视当地的情况而定,但使用前都必须对水质进行分析化验,以确定其是否可以利用。

2. 营养元素化合物的选用

植物生长所必需的营养元素共有 16 种,其中,碳、氢、氧、氮、磷、钾、钙、镁、硫需要量大,故称为大量元素;铁、锰、锌、铜、硼、钼、氯需要量少,称为微量元素。它们被植物吸收的形态以及在植物体内的含量见表 8-2。在植物生长所必需的元素中,碳和氧主要来自于大气中的二氧化碳和氧气,而氢和部分氧来自于配制营养液的水。微量元素氯在一般用水中都含有足够植物生长需要的量,且往往因其过多而造成毒害,故在配制营养液中不予考虑。所以,在选用配制营养液的化合物原料中必须含有植物生长所必需的除碳、氢、氧、氯之外的 12 种元素,常用含有这些元素的化合物来配制营养液,以满足植物生长的要求。

表 8-2 植物的必需营养元素及其在植物体内的含量
(Epstein. 1972)

营养元素		植物可吸收的形态	在组织中的含量	
			mg/kg	%
大量营养元素	碳(C)	CO_2	450 000	45
	氧(O)	O_2、H_2O	450 000	45
	氢(H)	H_2O	60 000	6
	氮(N)	NO_3^-、NH_4^+	15 000	1.5
	钾(K)	K^+	10 000	1.0
	钙(Ca)	Ca^{2+}	5 000	0.5

续表

营养元素		植物可吸收的形态	在组织中的含量	
			mg/kg	%
大量营养元素	镁(Mg)	Mg^{2+}	2 000	0.2
	磷(P)	$H_2PO_4^-$、HPO_4^{2-}	2 000	0.2
	硫(S)	SO_4^{2-}	1 000	0.1
微量营养元素	氯(Cl)	Cl^-	100	0.01
	铁(Fe)	Fe^{2+}、Fe^{3+}	100	0.01
	锰(Mn)	Mn^{2+}	50	0.005
	硼(B)	BO_3^{3-}、$B_4O_7^{2-}$	20	0.002
	锌(Zn)	Zn^{2+}	20	0.002
	铜(Cu)	Cu^{2+}、Cu^+	6	0.000 6
	钼(Mo)	Mo^{2-}	0.1	0.000 01

3. 营养液组成的原则

无土栽培营养液的配制必须遵守以下基本原则：

① 营养液中必须含有植物生长所必需的全部营养元素。

② 各种营养元素的化合物必须易溶于水，呈作物易于吸收的离子状态。

③ 营养液中各种营养元素的数量比例应是符合作物生长发育要求，维持各元素间的平衡，保证各种营养元素有效性的充分发挥。

④ 营养液中各种化合物组成的总盐分浓度及其酸碱反应是适合植物生长要求的。

⑤ 组成营养液的各种化合物在作物生长过程中，能够在较长时间内保持其有效状态。

⑥ 组成营养液的各种化合物的总体，在被吸收过程中造成的生理酸碱反应是比较平衡稳定的。

8.4.2 营养液配方

在一定体积的营养液中，规定含有各种必需营养元素盐类的数量称为营养液配方。在无土栽培发展过程中，有关专家和学者，研制出了很多营养液配方，至今为止已发表了200多种，其中霍格兰配方、园试配方等最为有名，以这些配方为基础，稍加调整演变形成了许多营养液配方，正被世界各地广泛使用。我国无土栽培学者也在吸收国外配方的基础上研制了一些新配方，并在一些地区推广。在无土栽培实践中，有许多实用可行的配方可供选用，见表8-3。

表 8-3 营养液配方精选

营养液配方名称及适用对象	每升水中含化合物毫克数/(mg·L⁻¹)								盐类总计/(g·L⁻¹)	每升含元素毫摩尔数/(mmol·L⁻¹)							备注
	Ca(NO₃)₂·4H₂O	KNO₃	NH₄NO₃	KH₂PO₄	K₂HPO₄	NH₄H₂PO₄	(NH₄)₂SO₄	K₂SO₄	MgSO₄·7H₂O	CaSO₄·2H₂O	NaCl		NH₄⁺-N	NO₃⁻-N	P	K	Ca	Mg	S	
Hoagland 和 Snyder(霍格兰和施奈德,1938),通用	1 180	506		136					693			2.515		15.0	1.0	6.0	5.0	2.0	2.0	世界著名配方,1/2 剂量较妥
Hoagland 和 Arnon(霍格兰和阿农,1938),通用	945	607				115			493			2.160	1.0	14.0	1.0	6.0	4.0	2.0	2.0	
Rothamstedc pH6.2(英国洛桑试验站,1952),通用		1 000		300	270				500	500		2.570		9.89	3.75	15.2	2.9	2.03	2.03	历史悠久的试验站,用1/2剂量较妥
法国国家农业研究所普及 NFT 之用(1977),通用于好中性作物	732	384	160	109	52				185		12	1.634	2.0	12.0	1.1	5.2	3.1	0.75	0.75	法国代表配方
荷兰温室作物研究所,岩棉滴灌用	886	303		204			33	218	247			1.891	0.5	10.5	1.5	7.0	3.75	1.0	2.5	以番茄为主,可通用

续表

营养液配方名称及适用对象	每升水中含化合物毫克数/(mg·L⁻¹)									盐类总计/(g·L⁻¹)	每升含元素毫尔数/(mmol·L⁻¹)						备注
	Ca(NO$_3$)$_2$·4H$_2$O	KNO$_3$	NH$_4$NO$_3$	KH$_2$PO$_4$	K$_2$HPO$_4$	NH$_4$H$_2$PO$_4$	(NH$_4$)$_2$SO$_4$	K$_2$SO$_4$	MgSO$_4$·7H$_2$O	CaSO$_4$·2H$_2$O	NaCl		N	P	K	Ca	Mg	S	
												NH$_4^+$-N	NO$_3^-$-N						
荷兰温室作物研究所,岩棉滴灌用	660	378	64	204					148			1.394	0.8	8.94	1.5	5.24	2.2	0.6	0.6	以非洲菊为主,可通用
日本园试配方(堀,1966),通用	945	809				153			493			2.400	1.33	16.0	1.33	8.0	4.0	2.0	2.0	日本著名配方,用1/2剂量较妥
日本山崎配方(1978),甜瓜	826	607				153			370			1.956	1.33	13.0	1.33	6.0	3.5	1.5	1.5	按作物吸肥水规律制定的配方,稳定性较好
日本山崎配方(1978),番茄	354	404				77			246			1.081	0.67	7.00	0.67	4.0	1.5	1.0	1.0	
山东农业大学(1978),西瓜	1 000	300		250				120	250			1.920		11.5	1.84	6.19	4.24	1.02	1.71	在山东使用
华南农业大学(1990),果菜(pH6.4~7)	472	404		100					246			1.222		8.0	0.74	4.74	2.0	1.0	1.0	广东大面积使用

8.4.3 营养液配制

营养液配制总的要求是确保在配制过程、存放过程和使用营养液时都不会产生难溶性化合物的沉淀。但要做到这一点非常困难,因为每种配方中都含有相互之间会产生难溶性物质的盐类,都潜伏着产生难溶性物质的可能性。例如,钙、镁、铁等阳离子和磷酸根、硫酸根等阴离子,当这些离子在浓度较高时会相互作用产生化学沉淀而形成难溶性物质。但如果在营养液配制时,运用难溶性物质溶度积作指导,就不会产生沉淀。

生产上配制营养液一般分为浓缩贮备液(也叫母液)的配制和工作营养液(也叫栽培营养液)的配制两个步骤,前者是为方便后者的配制而设。如果有大容量的存放容器或用量较少时,也可以直接配制工作营养液。

1. 母液的配制

配制母液时,不能将所有盐类化合物溶解在一起,因为在较高浓度时,有些阴、阳离子间会形成难溶性电解质引起沉淀,为此,配方中的各种化合物一般分为三类,配制成的浓缩液分别称为 A 母液、B 母液、C 母液。

A 母液以钙盐为中心,凡不与钙作用而产生沉淀的盐都可溶于其中,如 $Ca(NO_3)_2$ 和 KNO_3,浓缩 200 倍。B 母液以磷酸盐为中心,凡不与磷酸根形成沉淀的盐都可溶于其中,如 $NH_4H_2PO_4$ 和 $MgSO_4$,浓缩 200 倍。C 母液为微量元素母液,由铁(如 Na_2Fe-EDTA)和各微量元素合在一起配制而成。因其用量小,可浓缩为 1 000 倍。

母液在长时间贮存时,可用 HNO_3 酸化至 pH3~4,以防沉淀的产生。母液应贮存于黑暗容器中。

2. 工作营养液的配制

工作营养液一般用浓缩贮备液来配制,在加入各种母液的过程中,也要防止局部出现沉淀。首先在贮液池内放入相当于要配制营养液体积的 1/2~2/3 的水量,将 A 母液应加入量倒入其中,开动水泵使其流动扩散均匀。然后再将应加入的 B 母液慢慢注入水泵口的水源中,让水源冲稀 B 母液后带入贮液池中参与流动扩散。此过程所加的水量以达到总液量的 80% 为好。最后,将 C 母液的应加入量也随水冲稀带入贮液池中参与流动扩散,然后加足水量,继续流动搅拌一段时间使其达到均匀,即完成工作营养液的配制。

在生产中,如果一次需要的工作营养液量很大,则大量营养元素可以采用直接称量配制法,而微量元素可先配制成母液,再稀释为工作营养液。

也有一些国家如荷兰、日本,现代化温室进行无土栽培生产时,一般采用 A、B 两母液罐,A 罐中主要含硝酸钙、硝酸钾、硝酸铵和螯合铁,B 罐中主要含硫酸钾、磷酸二氢钾、硫酸镁、硫酸锰、硫酸铜、硫酸锌、硼砂、钼酸钠,通常制成浓缩 100 倍的母液,在使用时,采用计算机控制调节、稀释、混合形成灌溉营养液。

8.4.4 营养液管理

在无土栽培中,作物根系不断从营养液中吸收水分、养分和氧气,加之环境条件对营养液的影响,常引起营养液中离子间的不平衡,离子浓度、pH、液温、溶存氧等都会发生变化。同时,根系也分泌有机物或少量衰老的残根脱落于营养液中,微生物也会在其中繁殖。为了保证作物的正常生长,要对营养液的浓度、酸碱度、溶存氧、液温等进行及时合理的调节,必要时对营养液进行全面更新。

1. 营养液浓度的调整

营养液浓度管理的指标通常用电导率即 EC 值来表示,EC 值代表的是营养液离子的总浓度。在育苗时,EC 值一般为标准浓度的 1/3~1/2,叶菜类蔬菜无土栽培的 EC 值为 1.0~2.0 mS/cm,果菜类蔬菜 EC 值为 2.0~4.0 mS/cm。EC 值可用电导仪简便准确地测定出来,当营养液浓度低时,可加入母液加以调整;当营养液浓度高时,应加入清水加以稀释。生产上常用的做法是:在贮液池内划上加水刻度,定时关闭水泵,让营养液全部回到贮液池中,如其水位已下降到加水的刻度线,即要加水恢复到原来的水位线,用电导仪测定其浓度,依据浓度的下降程度加入母液。几种常见蔬菜营养液浓度的管理指标见表 8-4。

表 8-4　几种常见蔬菜营养液浓度(EC)的管理指标(mS/cm)

蔬 菜 种 类	营养液浓度(EC)（生育前期）	营养液浓度(EC)（生育后期）
生菜	2.0	2.0~2.5
油菜	2.0	2.0
菜心	2.0	2.0
芥蓝	2.0~2.5	2.5~3.0
番茄	2.0	2.5~3.0
黄瓜	2.0	2.5~3.0

有时,虽然营养液的浓度比较适宜,但各个元素之间的平衡关系被打破,或因作物对某种元素的嗜好吸收,从而造成某种元素的不足,影响作物的正常生长,在栽培过程中应注意观察,及时从营养液中补充或叶面追肥补充。图 8-2 是作物营养元素缺乏症状检索简图。

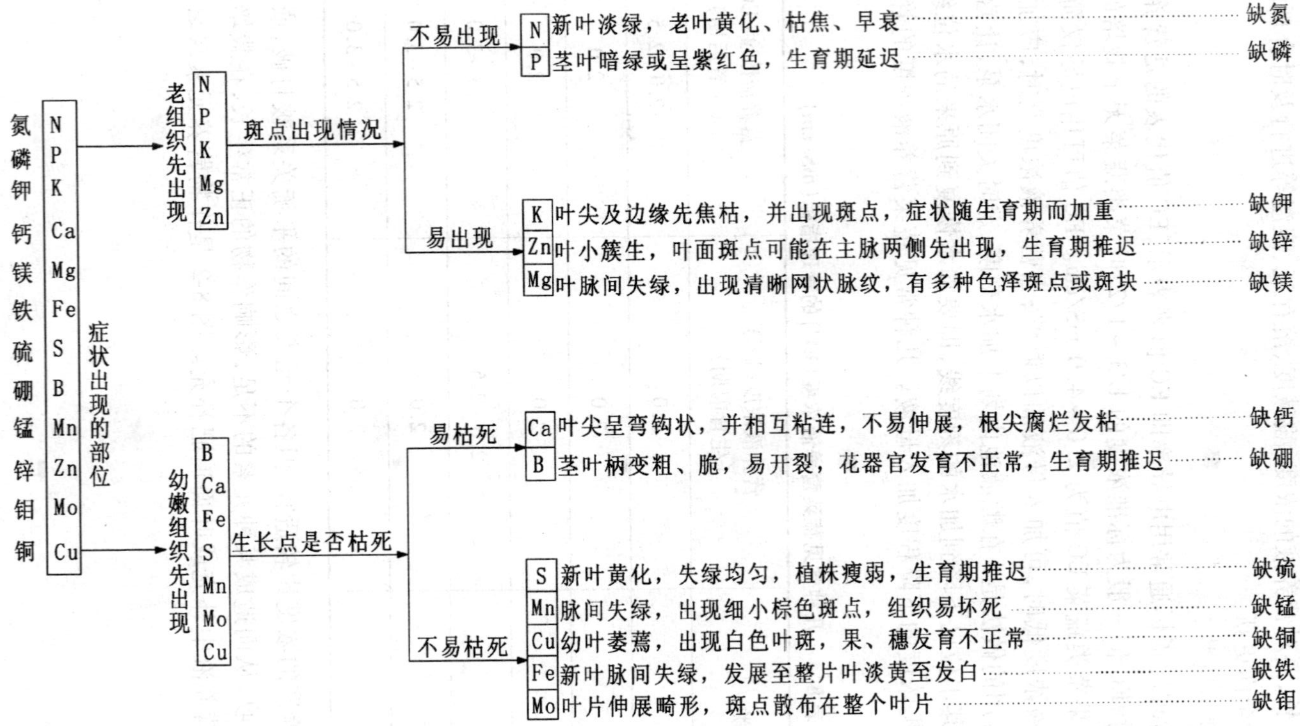

图 8-2 作物营养元素缺乏症状检索简图

（南京土壤研究所,1982）

2. 营养液酸碱度(pH)的调节

营养液的酸碱度直接影响养分的溶解度和根系养分的吸收,从而影响植物的生长。大多数作物根系在 pH5.5~6.5 的酸性环境下生长良好。营养液的 pH 变化主要受营养液配方中生理酸性盐和生理碱性盐的用量和比例、栽培植物种类、每株植物所占有营养液体积的多少、营养液的更换频率等多种因素影响,其中以氮源和钾源的盐类起作用最大。例如,$(NH_4)_2SO_4$、NH_4Cl、NH_4NO_3 和 K_2SO_4 等可使营养液的 pH 下降到 3 以下。

为了减轻营养液 pH 变化的强度,延缓其变化的速度,可以适当加大每株植物营养液的占有体积。加强营养液 pH 的监测,最简单的方法是用试纸进行比色,测出大致的 pH 范围,现在市场上已有多种便携式 pH 仪,测试方法简单、快速、准确,是进行无土栽培必备的仪器。当营养液 pH 过高时,一般用硝酸(HNO_3)或硝酸与磷酸的混合物进行调节,岩棉培一般采用磷酸(H_3PO_4)调节;pH 过低时,可用 5%~10% 的氢氧化钠(NaOH)或氢氧化钾(KOH)来调节。调节后的营养液经一段时间的种植,其 pH 仍会发生变化,要经常进行测定和调节。另外,每次调整 pH 的范围以不超过 0.5 为宜,以免对作物生长产生影响。

3. 营养液增氧的方法

生长在营养液中的根系,其呼吸所需的氧主要来源于营养液中的溶存氧,营养液供氧充足与否是无土栽培技术成败的关键因素之一,增加营养液中溶存氧的浓度成为无土栽培技术改进和提高的核心。溶存氧的来源,一是从空气中自然向溶液中扩散,二是人工增氧。自然扩散的速度很慢,增氧量仅为饱和溶解氧的 1%~2%,远远赶不上植物根系的耗氧速度。因此,人工增氧是水培技术中的一项重要措施,常用的增氧方法有搅拌、循环流动、在进水口安装增氧器、间歇供液等。

为了提高溶存氧浓度,人工增氧的多种方法往往结合起来使用,如营养液循环流动的同时,在进水口上安装增氧器、营养液喷射入槽、回流液形成落差泼溅入池等。

4. 营养液的更换

营养液在循环使用一段时间后,虽然电导率经调整后能达到要求,但作物仍然生长不良。这可能是由于营养液配方中所带来的非营养成分(如钠、氯等)、调节 pH 中和生理酸碱性所产生的盐分、使用硬水做水源时所带的盐分、根系的分泌物和脱落物以及由此而引起的微生物分解产物等非营养成分的积累所致,从而出现电导率虽高、但实际的营养成分很低的状况,此时就不能用电导率来反映营养成分的高低。

一般营养液中的肥料在被正常生长的作物吸收后必然是降低的,但如经多次补充养分后,作物虽然仍能正常生长,其电导率却居高不下,就有可能在营养液中积累了较多的非营养盐分。若有条件,最好是同时测定营养液中主要元素如氮、磷、钾的含量,若它们的含量很低,而电导率却很高,即表明其中盐分多属非营养盐,需要更换全部营养液。如无分析仪器,长季节栽培 5~6 个月的果菜,可在生长中期(3 个月时)更换一次;短期叶菜,一茬仅 20~30 d,则可种 3~4 茬更换一次。

5. 液温的管理

营养液的液温直接影响到植物根系的养分吸收及呼吸代谢,从而对植物的生育影响很大。一般夏季的液温应保持在 28 ℃以下,冬季的液温应保持在 15 ℃以上。为此,在冬季种植槽可采用泡沫塑料板等保温性能好的材料建造,对营养液进行加温等提高液温,而夏季可采用反光膜等隔热性能较好的材料,或加大每株的用液量,将贮液池深埋地下等方式适当降低液温,否则很多园艺植物会产生生理障碍。表 8-5 所示为常见园艺作物适宜培地温度范围。

表 8-5　常见园艺作物适宜培地温度范围(℃)

作物	适宜培地温度范围	作物	适宜培地温度范围
番茄	15~25	生菜	15~20
茄子	18~25	菠菜	18~23
辣椒	20~25	葱	18~22
黄瓜	20~25	鸭儿芹	15~20
网纹甜瓜	18~25	草莓	18~21
金合欢	10~12	菊花	15~18
郁金香	10~12	风信子	15~18
香石竹	12~15	水仙	15~18
勿忘草	12~15	唐菖蒲	15~18
含羞草	12~15	百合	15~18
仙客来	12~15	秋海棠	20~25
热带花木	25~30	蔷薇	20~25
柑橘	25~30	非洲菊	20~25

现代化无土栽培生产设施,多利用现代化智能温室,营养液管理实行全自动调节管理系统,整个系统由电脑控制部分、传感器部分和机械化制动部分组成,依据输入的管理程序和各种环境参数对营养液的 pH、EC 值、温度、大量营养元素的浓度等实现自动控制与管理,实现不同作物对肥水、液温的合理要求。

6. 供液时间与次数

无土栽培的供液有连续供液和间歇供液两种形式,一般生产中常采用间歇供液,可节省成本。供液可采取人工供液、机械供液、自动供液等方法。一般对于有固体基质的无土栽培形式,最好采用间歇供液方式,每天 2~4 次即可。供液时间主要集中在白天进行,夜间不供或少供;晴天供应多些,阴雨天供应少些;温度高、光照强供应多些,温度低、光照弱供应少些。NFT 栽培常采用每小时供液 15 min、停止 45 min 的供液方法,并用定时器控制来进行循环供液。深水培由于贮液量较大,可相应延长供液时间和间歇时间。

第8章 无土栽培技术

8.5 固体基质培

8.5.1 基质的物理性质

基质的物理性质主要包括基质的容重、粒径大小等指标,它表现了基质固定植物的能力大小、通气的好坏、持水能力的强弱等。在生产上,只有通过对基质进行合理筛选、按合理的比例进行混合及运用相应的技术措施,才能获得高产,取得良好的生产效益。

1. 容重

容重是指自然状态下,单位容积内基质的干物重,用 kg/L 或 g/cm^3 表示。其计算公式如下:

$$容重 = 基质的干物重 / 基质的体积$$

基质的容重反映了基质的疏松、紧实程度,与基质粒径、总孔隙度有关。容重过大,则基质过于紧实,总孔隙度小,透水、透气较差,对作物生长不利;容重过小,则基质过于疏松,总孔隙度大,透气性好,但保水能力差,有利于作物根系的伸展,但支持作用差,给管理增加难度。基质的容重 $< 0.25 \ g/cm^3$ 时称为低容重基质;容重在 $0.25 \sim 0.75 \ g/cm^3$ 时称为中容重基质;容重 $> 0.75 \ g/cm^3$ 的基质称为重容重基质。一般认为,基质容重在 $0.2 \sim 0.8 \ g/cm^3$ 范围效果较好。

2. 总孔隙度

总孔隙度是指基质中持水孔隙与通气孔隙的总和,用相当于基质体积的百分数来表示。总孔隙度可以用以下公式计算:

$$总孔隙度 = (1 - 容重/比重) \times 100\%$$

若某基质容重为 $0.23 \ g/cm^3$,密度为 $2.64 \ g/cm^3$,则总孔隙度为:

$$(1 - 0.23/2.64) \times 100\% = 91.29\%$$

如果基质的比重未知,可按下述步骤进行粗略估测:① 取一已知体积(V)的容器,称重 W_0;② 加满待测基质,称重 W_1;③ 然后将基质连同容器一起放在水中,淹没容器顶部,浸泡一昼夜,取出称重 W_2;④ 通过公式计算。

$$总孔隙度 = \{(W_2 - W_0) - (W_1 - W_0)\}/V \times 100\%$$
$$= \{W_2 - W_0 - W_1 + W_0\}/V \times 100\%$$
$$= (W_2 - W_1)/V \times 100\%$$

其中,重量单位为 g,体积单位为 cm^3。在一般情况下 $1 \ cm^3$ 水的重量约为 1 g,所以可以用称重的方法来估算基质中空隙的体积。

总孔隙度大的基质容重较轻、疏松,空气和水的容纳空间大,较有利于作物根系生长(如岩棉、蛭石的孔隙度均在95%以上),但支持固定作用较差,种植高秆植物时易倒伏;相反,总孔隙度小,则基质的容重大而紧实,透气差,不利于根的生长。一般基质总孔隙度在

54%~96%较好。生产上,为了克服基质总孔隙度过大或过小的弊病,常将同一种基质中不同颗粒大小的按一定比例进行混合或用不同基质混合使用,以改善基质的物理性能。

3. 气水比

气水比是指基质中通气孔隙与持水孔隙的比值。其计算公式如下:

$$气水比 = 通气孔隙/持水孔隙$$

通气孔隙是指基质中空气所能够占据的空间,一般孔隙直径在 0.1 mm 以上,灌溉后溶液不会吸持在这些孔隙中而随重力作用流出;持水孔隙是指基质中水分所能占据的空间,一般孔隙直径在 0.001~0.1 mm,水分在这些孔隙中会由于毛管作用而被吸持,不易流出。所以持水孔隙也称毛管孔隙,这部分孔隙的主要作用是贮水,所贮存的水分也称为毛管水。根据这一特性,我们通常可用以下的方法计算出基质的通气孔隙和持水孔隙。

通气孔隙与持水孔隙可按下列步骤进行计算:取一已知体积(V)的容器,按前述方法测定总孔隙度后,将容器口用一已知重量(W_3)的湿润沙布包住,把容器倒置,使水分流出,直至没有水分渗出,再称重 W_4。计算公式如下:

$$通气孔隙 = (W_2 + W_3 - W_4)/V \times 100\%$$
$$持水孔隙 = (W_4 - W_1 - W_3)/V \times 100\%$$

其中,重量单位为 g,体积单位为 cm^3。

气水比能够反映出基质中的水、气之间的状况,与总孔隙度一起更能全面地说明基质的水、气关系。一般地,气水比越小,基质持水力越强,越不易干燥,但通气性较差;气水比越大,则基质的气容量越大,通气性越好,但基质的持水性较差,容易干燥。一般认为气水比在 1∶1.5~4 为宜,作物生长良好,管理方便。

常见基质的物理性质见表 8-6。

表 8-6 常见基质的物理性质

基质名称	容重 /(g·cm^{-3})	比重 /(g·cm^{-3})	总孔隙度 /%	通气孔隙 /%	持水孔隙 /%	气水比
沙子	1.49	2.62	30.5	29.5	1.0	29.5
煤渣	0.70	—	54.7	21.7	33.0	0.66
蛭石	0.08~0.25	2.61	95.0	30.0	65.0	0.46
珍珠岩	0.03~0.16	2.37	60.3	29.5	30.75	0.96
岩棉	0.21	—	84.4	7.1	77.3	0.09
草炭	0.05~0.2	1.55	—	—	—	—
棉籽饼	0.24	—	74.9	73.3	26.69	2.75
锯末	0.19	—	78.3	34.5	43.75	0.79
炭化稻壳	0.15	—	82.5	57.5	25.0	2.30
蔗渣	0.12	—	90.8	44.5	46.3	0.96

4. 粒径

粒径是指基质颗粒的大小和粗细,用颗粒直径表示,单位为 mm。

同一种基质,粒径越大,容重越大,总孔隙度越小,气水比越大;反之,粒径越小,容重越小,总孔隙度越大,气水比越小。按照基质粒径的大小可分为:0.5~1.0 mm,1~5 mm,5~10 mm、10~20 mm、20~50 mm。可以根据栽培作物种类、根系生长特点、当地资源状况加以选择。

8.5.2 无土栽培基质的化学性质

基质的化学性质主要包括酸碱度、电导度、缓冲能力、盐基交换量和其他化学成分。

1. 基质的酸碱度(pH)

基质的酸碱程度,过酸或过碱都不利于作物根的生长发育。一般在使用之前应测定基质的酸碱度,以便确定管理方案。对于无机基质来说,其化学稳定性较强,在栽培过程中其酸碱度变化较小;对于有机基质来说,随着栽培过程的进行,其内部成分也会发生相应的变化,从而导致其酸碱度发生改变,结构也随之发生变化,如通透性下降、紧实等。

无论是有机基质还是无机基质,在作物栽培过程中,由于作物对某些元素的嗜好导致偏面吸收、作物的分泌物等因素,都会引起基质的酸碱度变化,应及时进行检查和调整。生产中比较简便的测定方法是:取 1 份基质按体积比加 5 份蒸馏水混合,充分搅拌后测定其氢离子浓度(pH)。基质的酸碱度应当呈稳定状态,pH 为 6~7 最好。

2. 电导度(EC)

电导度也称电导率,是指营养液传导电流的能力。因营养液的电导率与营养液中离子的浓度成正相关,因此,可用电导率的大小来表示基质或营养液中已经电离盐类的溶液浓度,一般用每厘米毫西门子(mS/cm)表示。各种作物耐盐性不同,耐盐性强(EC=10 mS)的如甜菜、菠菜、甘蓝类,耐盐性中等(EC=4 mS)的如黄瓜、菜豆、甜椒等,应根据作物的耐盐特性合理加以调节,避免作物受到盐害。

各种基质在使用前有必要进行盐分含量的测定,特别是对于一种新的基质或配置的复合基质更应如此,以便确定该基质所含的盐分量及种类,同时确认是否含有有害物质、是否会产生肥害,为今后管理、施肥提供依据。基质的盐分含量可用电导率仪来测定。方法是取风干的基质 10 g,加入饱和的硫酸钙溶液 25 mL,振荡浸提 10 min,过滤,取滤液测定电导率。

3. 盐基交换量

盐基交换量也称阳离子代换量,是指在 pH=7 时,基质含有可代换性阳离子的数量。阳离子代换量的大小反映了基质对养分的吸附能力。基质阳离子代换量(CEC)以 100 g 基质代换吸收阳离子的毫摩尔数(mmol/100 g 基质)来表示。例如,一般有机基质如树皮、蔗渣、锯末、草炭等可代换的阳离子多,盐基交换量大;无机基质中除蛭石的阳盐基交换量比较大以外,其他都是惰性基质,盐基交换量很少。盐基交换量在一定的酸碱度下,基质的阳离子代换量大有不利的一面,即影响作物对营养液的吸收,也有有利的一面,即保存养分,减少损失和对营养液的酸碱度反应有缓冲作用。一般阳离子代换量高的,其缓冲能力大。

4. 缓冲能力

基质的缓冲能力是指基质在加入酸碱物质后,基质本身所具有的缓和酸碱性(pH)变化的能力。缓冲能力的大小主要由阳离子代换量以及存在于基质中的弱酸及盐类多少而定。一般基质的盐基交换量越大则缓冲能力也越大。依基质缓冲能力的大小排序,则为:有机基质 > 无机基质 > 惰性基质 > 营养液。例如,基质含有较多的有机酸,则对碱的缓冲能力较强,对酸没有缓冲能力。如果基质含有较多的钙盐和镁盐,则对酸的缓冲能力较大,但对碱没有缓冲能力。

另外,还应知道基质中氮、磷、钾、钙、镁的含量,重金属的含量应低于致使植物发生毒害的标准。我国常用基质的营养元素含量见表8-7。

表8-7 基质的营养元素含量

基 质	全氮/%	全磷/%	速效磷/(mg·kg^{-1})	速效钾/(mg·kg^{-1})	代换钙/(mg·kg^{-1})	代换镁/(mg·kg^{-1})
煤 渣	0.183	0.033	23.0	203.9	9 247.50	200.0
蛭 石	0.011	0.063	3.0	501.6	2 560.50	474.0
珍珠岩	0.005	0.082	2.5	162.2	6 940.50	65.0
岩 棉	0.084	0.228	—	1.338(全)	—	—
棉籽壳	2.20	2.26	—	0.17(全)	—	—
炭化稻壳	0.54	0.049	66.0	6 625.5	884.5	175.0

8.5.3 常用的无土栽培基质

无土栽培中基质的选择和使用是非常重要的环节。无土栽培基质的种类很多,生产中应根据当地的资源、栽培类型、基质的价格及基质的理化性质等因素,因地制宜地进行选择。

1. 无机基质

(1) 岩棉

目前,在发达国家无土栽培中岩棉被广泛应用,我国20世纪80年代开始应用,由于成本高,发展速度缓慢。岩棉是由辉绿岩、石灰岩和焦炭三种物质按一定比例(3∶1∶1),在1 600 ℃左右的高温炉里熔化将熔融物喷成直径为0.005 mm的细丝,再将其压成容重为80~100 kg/m^{3}的片,然后在冷却至200 ℃左右时,加入一种酚醛树脂以减小表面张力而成的。其优点是经过高热完全消毒,有一定形状,栽培过程中不变形,具有较高的持水量和较低的水分张力,栽培初期pH呈微碱性。缺点是岩棉本身的缓冲性能低,对灌溉水要求较高,如果灌溉水中含有毒物质或过量元素,都会对作物造成伤害,在自然界中岩棉不能降解,易造成环境污染。

(2) 石砾

一般选用的石砾以非石灰性的为好,如花岗岩。如选用石灰质石砾,需用磷酸钙溶液浸泡处理,降低其碱性危害。石砾的粒径应选用 1.6～20 mm 的为好,其中总体积一半的石砾直径为 13 mm 左右。石砾坚硬,不易破碎。其保水、保肥能力较沙低,通透性优于沙。最好选用棱角不太锋利的石砾。

(3) 蛭石

蛭石为云母类硅质矿物,经高温(800 ℃～1 000 ℃)膨胀后的蛭石其体积是原来的16倍,容重很小,孔隙度较大,可用于无土栽培,一般为中性至微酸性。无土栽培用的蛭石的粒径应在 3 mm 以上。蛭石一般使用 1～2 次,其结构就会变差,需重新更换。蛭石在工厂化育苗及栽培中是常见的基质,其优点是重量轻,具有较高的阳离子交换量,保水、保肥力较强,使用时不必消毒。缺点是长期使用易破碎,空隙变小,通透性降低。

(4) 沙

沙是沙培的基质。在美国亚利桑那州、中东地区以及沙漠地带,都用沙作无土栽培基质。沙一般含二氧化硅 50% 以上,容重为 1 500～1 800 kg/m³,沙粒直径为 0.5～3.0 mm。优点是排水良好,通透性强,价格便宜,来源广泛。缺点是几乎没有离子代换量,不易保持水分、养分,密度大,更换基质较费工。我国沙的来源较广泛,如河沙、江沙、石沙、海沙等,各种沙的成分和性质略有差异,使用前应加以了解和测定。例如,在生产中一般禁止采用石灰岩质的沙粒,它会影响营养液的 pH;海沙则含有较多的氯化钠,使用前需用清水冲洗等。

(5) 珍珠岩

珍珠岩是由一种硅质火山岩加热至 1 000 ℃ 时岩石颗粒膨胀而成的。其容重小,孔隙度大,易排水,通透性好;阳离子代换量低于 1.5 mmol/100g,物理化学性质稳定,pH 为 7～7.5,主要成分为二氧化硅、三氧化二铝、三氧化二铁、氧化钙、氧化锰、氧化钠、氧化钾。珍珠岩中的养分不能被植物吸收利用。珍珠岩是一种较易破碎的基质,在育苗和栽培中很少单独作为基质使用,常与草炭、蛭石等混合使用。使用前应特别注意其氧化钠的含量,如超过 5% 时,不宜用做园艺基质。

(6) 炉渣

炉渣是煤燃烧后的残渣,来源广泛,容重为 700 kg/m³ 左右,通透性好,多偏碱性。炉渣不宜单独用做基质,应与珍珠岩、草炭等混合制作成混合基质,并且在基质中比例一般不超过 60%。使用前要进行过筛,选择适宜的粒径。

(7) 陶粒

陶粒是一种陶瓷质地的人造颗粒,呈大小均匀的团粒状,内部为蜂窝状的空隙构造,堆积密度为 300～900 kg/m³,透气性好。陶粒在蔬菜无土栽培中使用较少,在无土栽培花卉、盆栽花卉中用得较多。现在全国各地有许多生产厂家,容易采购。

(8) 聚苯乙烯珠粒

聚苯乙烯珠粒即塑料包装材料下脚料,容重小,不吸水,抗压强度大,是优良的无土栽培下部排水层材料,多用于屋顶绿化以及作物生产底层排水材料。

2. 有机基质

(1) 草炭

草炭也被称为泥炭,被世界各国公认为是最好的园艺基质。它是由沼泽植物残体构成的疏松堆积物或经矿化而成的腐殖物,含有大量的有机质。根据泥炭形成的地理条件、植物种类和分解程度可分为低位泥炭、高位泥炭和过渡泥炭三大类。低位泥炭是在积水低洼地和富有矿物质的地下水源条件下形成的物质,以苔草、芦苇等植物为主。其特点是含氮素养分和矿质元素高,酸度低呈微酸性至中性反应,分解程度高。高位泥炭分布在低位泥炭形成的地形的高处,由荷草、藓类等对营养条件要求较低的沼泽植物残体所组成。其特点是含氮素养分和矿质元素中等,而酸度高,呈酸性或强酸反应,分解程度差。过渡泥炭介于高位和低位之间,也可用于无土栽培。泥炭在生产上常与沙、煤渣、蛭石等基质混合,以增加容重,改善结构。

(2) 锯末

锯末在加拿大无土栽培中被广泛应用,使用效果良好。锯末为木材加工的副产品。一般锯木屑的化学成分以炭、纤维和木质素为主;其次是戊聚糖、树脂;此外,还有少量的灰分、氮等。pH 在 4.2~6.0 之间。其特点是碳氮比高,保水通透性较好,可连续使用 2~6 茬。锯木屑使用前要进行堆沤,堆沤时可加入较多的氮素,堆沤时间至少 1 个月以上,以降低有害物质的危害。用做无土栽培基质的锯木屑不应太细,粒径在 3.0~7.0 mm,小于 3.0 mm 的锯木屑所占比例不应超过 10%,以免降低基质的通透性。每茬使用前应进行消毒。多与其他基质混合使用。

(3) 刨花

刨花与锯末在组成成分上类似,体积较锯末大,通气性良好,碳氮比高,但持水量和阳离子交换量较低。可与其他基质混合使用,一般比例在 50%。

(4) 树皮

近年来,随着木材工业的发展,树皮的开发应用已在世界各国引起重视,利用树皮作无土栽培基质已被许多国家采用。树皮的容重接近草炭,与草炭相比,阳离子交换量和持水量比较低,但碳氮比较高(阔叶树皮较针叶树皮碳氮比高),是一种很好的园艺基质。缺点是新鲜树皮的分解速度快。在使用前应对树皮成分进行分析,要求树皮中氯化物不应超过 0.25%,锰的含量不得高于 200 mg/kg。

(5) 秸秆

农作物的秸秆均是较好的基质材料,如玉米秸秆、葵花秆、小麦秆等粉碎腐熟后可与其他基质混合使用。其特点是取材广泛,价格低廉,可对大量废弃秸秆进行再利用。

(6) 菇渣

菇渣是种植草菇、平菇等食用菌后废弃的培养基质。用于无土栽培,需将菇渣加水至含水量为 70% 左右,堆成一堆,盖上塑料薄膜,堆沤 3~4 个月,取出风干,然后打碎,过 5 mm 筛。菇渣的容重约为 0.41 g/cm³,持水量为 60.8%,含有氮、磷、钾等多种矿质元素,有利于作物的生长。

(7) 稻壳

稻壳是稻米加工副产品,无土栽培中使用的稻壳首先要炭化。未经水洗的炭化稻壳呈弱碱性,应经过水洗或加酸调节后使用。使用时加入适量的氮,以调节其高的碳氮比,但体积不能超过 25%。炭化稻壳的容重为 0.15 g/cm³,总孔隙度为 82.5%,不带病菌,营养元素丰富,通透性强,持水能力差。

8.5.4 基质的配置与消毒

1. 基质的配比

基质的种类很多,有些可以单独使用,有些则需要与其他基质按一定的配比混合使用。混合基质往往由结构性质不同的原料混配而成,可扬长避短,在水、气、肥协调方面优于无机或有机基质。在作物育苗或栽培中,理想基质的要求是:体积轻,具有一定的保水、保肥能力,排水、透气性好,富含一定的营养元素,适用于多种作物栽培。基质的混合使用,以 2~3 种混合为宜。目前针对不同的作物所开展的有针对性的基质配比研究较多,以下提供一些作为生产运用时参考。

草炭:炉渣=4:6;砂:椰子壳=5:5;草炭:玉米秸:炉渣=2:6:2;玉米秸:葵花秆:锯末:炉渣=5:2:1:2;油菜秸:锯末:炉渣=5:3:2;菇渣:玉米秸:蛭石:粗砂=3:5:1:1;玉米秸:蛭石:菇渣=3:3:4 等。这些栽培基质适用范围较广,能适合大多数温室主要蔬菜作物和一些切花生产。沙、蘑菇渣按 3:7 种植厚皮甜瓜;锯末、棉籽皮按 1:1 混合,锯末、棉籽皮、炉渣按 1:1:1 混合,可作为草莓无土栽培混合基质;锯末、碳化稻壳、河沙按 8:1:1 配制成大棚黄瓜混合基质;煤渣、珍珠岩、菌渣按 1:1:4 可配制成较理想的栽培基质种植莴笋;砻糠灰、锯末屑、有机肥料按 3:6:1 配制营养基质,可种植樱桃番茄等。

2. 基质的消毒

大部分基质在使用之前或使用一茬之后,都应该进行消毒,避免有毒物质在基质中的积累和病虫害发生。对一些连作障碍较轻的园艺植物,可在使用两茬之后再消毒。常用的消毒方法有化学药剂消毒、蒸汽消毒和太阳能消毒。

(1) 蒸汽消毒

凡在温室栽培条件下以蒸汽进行加热的,均可进行蒸汽消毒。在基质用量少且有条件的地方,可将基质装入消毒箱密闭消毒。如基质量大,可堆积成 20 cm 厚的堆,长度根据条件而定,覆上防水防高温的布,导入蒸汽,在 70 ℃~90 ℃下,消毒 1 h 就能杀死病菌,其效果良好,使用安全,但成本高。

(2) 太阳能消毒

太阳能消毒是目前我国日光温室采用的一种安全、廉价的消毒方法,同样也适用于无土栽培的基质消毒。其方法是:在夏季温室或大棚休闲季节,将基质堆成 20~25 cm 高,长度视情况而定。在堆放基质的同时,用水将基质喷湿,使含水量超过 80%,然后用塑料薄膜覆盖起来。密闭温室或大棚,曝晒 10~15 d,消毒效果良好。

(3) 化学药剂消毒

所用的化学药品主要有甲醛、甲基溴(溴甲烷)、威百亩、漂白剂等。

① 40% 甲醛 40% 甲醛又称福尔马林,是一种良好的杀菌剂,但对害虫效果较差。使用时一般用水稀释成 40~50 倍液,然后用喷壶喷洒到基质上,将基质均匀喷湿,喷洒完毕后用塑料薄膜覆盖 24 h 以上。使用前揭去薄膜让基质风干两周左右,以消除残留药物危害。

② 氯化苦 氯化苦能有效地防治线虫、昆虫、一些杂草种子和真菌等。具体使用方法:

先将基质整齐堆放(每层厚度 30 cm),然后每隔 20~30 cm 向基质内打一个深 10~15 cm 的孔,注入氯化苦药液 3~5 mL,并立即用基质将孔堵塞。用同样的方法处理基质 2~3 层后用塑料薄膜覆盖,使基质在 15 ℃~20 ℃ 条件下熏蒸 7~10 d,去掉塑料薄膜,晾 7~8 d 后即可使用。氯化苦对人体有毒,使用时要注意安全。

③ 溴甲烷 该药剂能有效地杀死线虫、昆虫、杂草种子和一些真菌。使用时将基质起堆,然后将药液喷洒到基质上并混匀,每立方米基质,需用药 100~200 g。混匀后用薄膜覆盖密封 5~7 d,使用前晾晒 7~10 d 即可使用。溴甲烷对人体有毒,使用时要注意安全。

④ 威百亩 威百亩是一种水溶性熏剂,对线虫、杂草和某些真菌有杀灭作用。使用时用水将威百亩稀释 10~15 倍,10 m² 基质表面用药 10~15 L,施药后将基质密封,半个月后可以使用。

基质除了需要做好消毒处理外,如果基质中含有大量盐分时,还应该用水冲洗或浸泡,以消除积盐。

8.5.5 固体基质培的类型与设备

1. 岩棉培

岩棉培(RF 培)是用岩棉做基质的无土栽培,1968 年丹麦的 Grodan 公司最早开发出岩棉培,1970 年荷兰试用岩棉做基质种植作物获得成功。目前,许多国家都在实验与应用,其中以荷兰的应用面积最大。我国的岩棉原料资源极其丰富,国内岩棉的生产线几乎遍及全国。随着岩棉生产技术的不断更新和完善,岩棉的生产成本可进一步下降。因此,试验与推广应用岩棉培技术,对发展我国的无土栽培有着积极意义。

岩棉培分为开放式和循环式两种。开放式岩棉培的特点是供给作物的营养液不循环使用。它的优点是:设施简单,只需加液设备,造价低;不会因营养液循环使用而增加病害传播的危险。其缺点是:肥料和营养液消耗较多,且排出的营养液会造成环境污染。循环式岩棉培的优点是:营养液循环使用,不会造成环境污染;约 30% 的水和 50% 的肥料可被再利用,减少了营养液的消耗。其缺点是:设施较复杂,不仅有加液设备,还需回液、贮液设备;肥料和水的循环利用有可能导致病害的传播与扩散。为防止营养液循环导致的病害传播,目前的循环式岩棉培都安装了营养液过滤和消毒装置。

(1) 岩棉培的装置

岩棉培的装置包括栽培床、供液装置和排液装置。若采取循环供液,排液装置就可省去。栽培床是用厚 7.5 cm、宽 20~30 cm、长 100 cm 的岩棉毡连接而成的,外面用一层厚度为 0.05 mm 的黑色或黑白双面聚乙烯塑料薄膜包裹。每条栽培床的长度,以不超过 15 m 为宜。一般采用滴灌装置供应营养液,利用水泵将供液池中的营养液,通过主管、支管和毛管滴入岩棉床中。营养液有循环和不循环两种。为防止病害的传播,可采用岩棉袋培的方式,栽培床用聚乙烯塑料薄膜袋,装入适量的粒状棉或一定大小的岩棉毡连接而成。每个袋上分别打孔定植作物(图 8-3)。

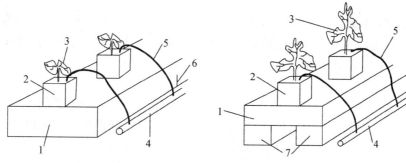

1：育苗钵　2：栽植穴　3：排水刻痕　4：滴灌装置(主管)
5：滴灌装置(细管)　6：刻缝　7：岩棉垫块

图 8-3　岩棉培示意图

(2) 栽培管理技术

① 播前准备工作　用于岩棉培的温室地面需平坦，或沿着排液的方向有 2% 的倾斜度。播种前将温室的整个地面覆盖白色聚乙烯膜。播前还需选择一套质量可靠的滴灌系统，出水量不少于 $1.0 \sim 1.5 \; L \cdot m^{-2} \cdot h^{-1}$，以满足作物生长的需要。如果是循环式岩棉培，还需要回液、过滤等设施。

② 播种及定植方法　用于果菜类的一般是边长为 $7.5 \sim 10 \; cm$ 的方形岩棉块。播前岩棉块用水浸透，将种子播在岩棉块里即可。用于定植的岩棉称为岩棉毡，温室中岩棉毡头尾相连成行，行与行之间以走道相隔。以果菜类为例，定植密度为 $1.3 \sim 1.5$ 株/m²，一块 $100 \; cm \times 20 \; cm \times 7.5 \; cm$ 的岩棉毡上定植 3 株，岩棉行之间走道宽 2 m。滴灌管平行于岩棉行摆放，滴头放在定植部位。定植前最重要的步骤是将岩棉毡用营养液浸透，浸透的岩棉毡在温室放置 $24 \sim 48 \; h$，定植时将幼苗连同育苗块一起摆放在岩棉毡的定植口上。

③ 营养液配方及管理　营养液配方需建立在对当地水质进行分析的基础上。岩棉培在荷兰常用雨水作为营养液配置的水源。营养液配方因作物的不同而异，在不同生育阶段，NO_3^-、K^+、SO_4^{2-} 的浓度有所变动。

营养液管理主要指对酸碱度(pH)和电导率(EC 值)的管理。pH 可通过调节加酸量和铵肥的适当使用来维持最适水平。岩棉制品本身一般偏碱性，pH≥7.0，在栽培过程中，pH 的变化亦很大。因此，要注意观察和调整。岩棉培的营养液 pH 在 $5.0 \sim 6.0$，加入到岩棉中后，即可将 pH 稳定在 6.5 左右。岩棉培中酸度的调整，最好用硝酸和磷酸的混合物，比例通常为 1:3。在实际生产中，大家习惯于使用硫酸。一般都将硫酸直接加入供液池，故对岩棉纤维的直接腐蚀性小，可不必担心。

对果菜类幼苗期营养液 EC 值在 1.2 mS/cm 左右，定植前 1 周升至 2.0 mS/cm。光照条件差的情况下，较高的 EC 值更适宜。夏季温度较高的情况下，EC 值需降低。冬季低温弱光，EC 值可适当提高。

④ 温、湿度管理　温度管理因品种、光照条件、栽培季节以及茬口安排的不同而不同。对于喜温作物，在低温季节通过在岩棉毡下铺设加热管或预先加热营养液来提高根温。

过高或过低的湿度对作物生长都不利。刚定植后和夏季应避免湿度过低，植株冠层形成后蒸腾量较大，应降低湿度，尤其要降低夜间湿度。

2. 槽培

槽培就是将基质装入一定容积的栽培槽中以种植作物。目前生产上应用较为广泛的是在温室地面上直接用红砖垒成栽培槽。为了防止渗漏并使基质与土壤隔离,通常在槽的基部铺1~2层塑料薄膜(图8-4)。

3. 袋培

袋培用尼龙袋、塑料袋等装上基质,按一定距离在袋上打孔,栽培作物,以滴灌的形式供应营养液。这是美洲及西欧国家比较普遍采用的一种形式。袋内的基质可以就地取材,如蛭石、珍珠岩、锯末、树皮、聚丙烯泡沫、泥炭等及其混合物均可。

基质袋培可分为立式和卧式两种形式。立式基质袋多呈筒状,直径为15 cm,长1~2 m,吊挂在温室内,上端配置供液管,下端设置排液口。卧式基质袋平铺于地面上,袋长40~100 cm,宽20 cm,厚8~10 cm,每袋栽培1株或数株作物(图8-5)。

图8-4 槽培栽培设施

图8-5 基质袋培装置

4. 立体栽培

立体栽培主要种植一些如生菜、草莓等矮秧作物。依其所用材料是硬质的还是软质的,又分为柱状栽培、长袋栽培等。

(1) 立体栽培的类型

① 柱状栽培　采用石棉水泥管或硬质塑料管,在管四周按螺旋位置开孔,植株种植在孔中的基质上。也可采用专用的无土栽培柱,栽培柱由若干个短的模型管构成,每一个模型管上有几个突出的杯状物,用以种植植物。

② 长袋栽培　长袋栽培是柱状栽培的简化。这种装置除了用聚乙烯代替硬质管外,其他都是一样的。栽培袋用直径为15 cm、厚0.15 mm的聚乙烯筒膜,长度一般为2 m,内装以栽培基质,底端扎紧以防基质落下,从上端装入基质成为香肠形状,然后将上端扎紧,悬挂在温室中,袋子的周围开一些2.5~5 cm的孔,用以种植植物。

无论是柱状栽培还是长袋栽培,栽培柱或栽培袋均是挂在温室的上部结构上,在行内彼此间的距离约为80 cm,行间的距离为1.2 m。水和养分的供应,是用安装在每一个柱或袋顶部的滴灌系统进行的,营养液从顶部灌入,通过整个栽培袋向下渗透。营养液不循环利用,从顶端渗透到袋的底部,即从排水孔排出。每月要用清水洗盐1次,以清除可能集结的盐分。

③ 立柱式盆钵无土栽培 将一个个定型的塑料盆填装基质后上下叠放,栽植孔呈交错排列,保证作物均受光。供液管道由顶部自上而下供液。本装置由中国科学院上海植物生理研究所开发成功。

(2) 栽培设施结构

立柱式无土栽培设施由营养液池、平面 DFT 系统、栽培立柱、立柱栽培钵和立柱栽培的加液回液系统等几部分组成(图8-6)。

栽培时先采用基质无土育苗培育壮苗,再适时定植到立体栽培钵内,地面平面 DFT 系统同样种植秧苗,栽培过程中要注重环境条件、营养液及 pH 的管理。

5. 有机生态型无土栽培

(1) 有机生态型无土栽培的特点

有机生态型无土栽培是指采用基质代替天然土壤,采用有机固态肥料和直接清水灌溉取代传统营养液灌溉作物的一种无土栽培技术。由中国农业科学院蔬菜花卉研究所开发研制,作为无土栽培及设施园艺栽培领域中的新技术,在全国推广面积已达 150 多公顷。有机生态型无土栽培除具有一般无土栽培的特点外,还具有以下特点:

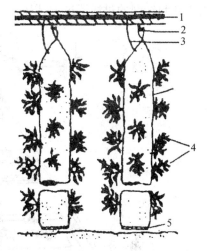

1:供液管 2:挂钩 3:滴灌管
4:作物 5:排水孔

图8-6 立体栽培

① 克服设施栽培中的连作障碍,具有最实用、最有效的作用。
② 操作管理简单。
③ 一次性运转成本低。
④ 基质及肥料以有机物质为主,不会出现有害的无机盐类,特别避免了硝酸盐的积累。
⑤ 植株生长健壮,病虫害发生少,减少了化学农药的污染,产品洁净卫生、品质好。

(2) 设施装置

有机生态型无土栽培一般采用槽式栽培。栽培槽可用砖、水泥、混凝土、泡沫板、硬质塑料板、竹竿或木板条等材料制作。建槽的基本要求为槽与土壤隔绝,在作物栽培过程中能把基质拦在栽培槽内。槽可用永久性的水泥槽,还可制成移动式的泡沫板槽等。为了降低成本,各地可就地取材制作各种形式的栽培槽。为了防止渗漏并使基质与土壤隔离,应在槽的底部铺1~2层塑料薄膜。槽的大小和形状因作物而异,甜瓜、迷你番茄、迷你西瓜、西洋南瓜、普通番茄、黄瓜等大株型作物,槽宽一般内径为 40 cm,每槽种植2行,槽深 15 cm。奶油生菜、西洋芹等矮生或小株型作物可设置较宽的栽培槽,以栽培管理及采收方便为度,一般为 70~95 cm,进行多行种植,槽深 12~15 cm,小株型作物也可进行立体式栽培,提高土地利用率,便于田间管理。槽的长度可视灌溉条件、设施结构及所需走道等因素来决定。槽坡降应不小于 1∶250,还可在槽的底部铺设粗炉渣等基质或一根多孔的排水管,有利于排水,增加通气性。

有机生态型无土栽培系统的灌溉一般采用膜下滴灌装置,在设施内设置贮液(水)池或贮液(水)罐。贮液池为地下式,通过水泵向植株供液或供水;贮液罐为地上式,距地面约

1 m 左右,靠重力作用向植株供液或供水。滴灌一般采用多孔的软壁管,40 cm 宽的槽铺设 1 根,70~95 cm 宽的栽培槽铺设 2 根。滴灌带上盖一层薄膜,既可防止水分喷射到槽外,又可使基质保湿、保温,也可以降低设施内空气湿度。滴灌系统的水或营养液,要经过一个装有 100 目纱网的过滤器过滤,以防杂质堵塞滴头(图 8-7)。

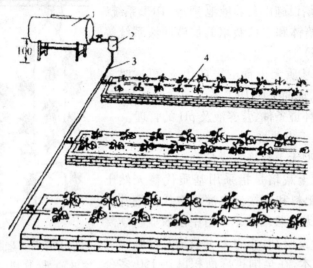

1:贮液罐　2:过滤器　3:供液管　4:滴灌带

图 8-7　有机生态型无土栽培

（3）基质与肥料的选择与配比

有机生态型无土栽培基质一般选用草炭：炉渣(4∶6)、砂：椰子壳(5∶5)、草炭：珍珠岩(7∶3)等基质配比。

用于有机基质培的固态有机肥种类很多,有厩肥、人粪尿、堆肥、绿肥、饼肥、杂肥等。有机肥富含植物生育所必需的各种营养元素,肥料成分齐全,易分解被植物吸收利用,有机质含量丰富,阳离子代换量高,有效成分不易流失,为基质栽培提供了良好的营养条件。作为有机基质培使用的优质有机肥,如饼肥、作物秸秆和动物粪便等,都必须经过堆沤、发酵、腐熟。常用的膨化鸡粪是鸡粪经过高温发酵杀灭病菌虫卵,然后脱水烘干,保持较高的肥效和丰富的营养成分,可作为有机基质培的优质固态有机肥使用。有机栽培基质的营养水平,每立方米基质应含有全氮(N)1.520 kg、全磷(P_2O_5)0.508 kg、全钾(K_2O)0.824 kg,可满足一般蔬菜作物对各种营养的需求。为确保整个生育期均处于最佳的养分供应状态,固态有机肥等肥料可分为基肥和追肥施用,比例为 60∶40。定植前向槽内基质施入基础肥料做基肥,定植后 20 d,每隔 10~15 d 将有机肥均匀撒布在距根茎 5 cm 处的周围做追肥。例如,栽培番茄:每立方米基质可施入消毒膨化鸡粪 10 kg、磷酸二铵 1 kg、硫酸铵 1.5 kg,硫酸钾 1.5 kg 等做基肥,在定植后 20 d 可仅灌水,不施肥,20 d 后,每隔 10~15 d 追肥 1 次。基肥与追肥比例可为 60∶40。基质含水量保持在 60%~85%。

8.6 水培技术

8.6.1 营养液膜技术

营养液膜技术(NFT),是指将植物种植在浅层流动的营养液中的水培方法。营养液在栽培床的底面做薄层循环流动,既能使根系不断地吸收养分和水分,又能保证有充足的氧气供应。该技术以其造价低廉、易于实现生产管理自动化等特点,在世界各地推广。

1. NFT 的基本特征

(1) 优点

① 结构简易,只要选用适当的薄膜和供液装置,即可自行设计安装。

② 投资小,成本低。

③ 营养液呈薄膜状液流,循环供液,较好地解决了根系的供氧问题,使根系的养分、水分和氧气供应得到协调,有利于作物的生长发育。

④ 营养液的供应量小,且容易更换。

⑤ 设备的清理与消毒较方便。

(2) 缺点

① 栽培床的坡降要求严格,如果栽培床面不平,营养液会形成乱流,使供液不匀。

② 由于营养液的流量小,其营养成分、浓度及 pH 易发生变化。

③ 因无基质和深水层的缓冲作用,根际的温度变化大。

④ 要循环供液,每日供液次数多,耗能大,如遇停电停水,尤其是作物生育盛期和高温季节,营养液的管理比较困难。

⑤ 因循环供液,一旦染上土传病害,有全军覆没的危险。

2. NFT 设施的结构

NFT 的设施主要由栽培床、贮液池、营养液循环流动装置、控制系统四部分组成。贮液池用于贮存和循环回流的营养液,一般设在地下,可用砖头、水泥砌成,里外涂以防水物质,也可用塑料制品、水缸等容器,其容积大小应根据供应的面积和株数确定。栽培床是在 1/80~1/100 坡降的平整地面,铺一层黑色或黑白双面聚乙烯薄膜,使其成槽状,供定植与固定作物根系用,使营养液在床面呈薄层循环液流。营养液循环流动装置由供液水泵和供液管道组成,将经水泵提取的营养液分流再返回贮液池中,以供再次使用。控制系统主要控制营养液的供应时间、流量、电导度、pH 和液温等(图 8-8)。

(1) 大株型作物的栽培床

栽培床用宽 70 cm、长 12~15 m、厚度为 0.1~0.2 mm 的黑色或黑白双面聚乙烯塑料薄膜做成,先在 1/100 坡降的平整地面挖一深 5 cm、宽 15~20 cm 的浅平沟,整平压实后铺上薄膜使其成槽状,上接进液管,下通供液池,即成栽培床。有条件的可在床底里面放一层宽 15~20 cm 的无纺布,以蓄集少量营养液,利于根系的生长。定植时将带岩棉方块或塑料钵的幼苗放在其中,然后用木夹或书钉将薄膜封紧,植株用塑料绳固定。供液装置,大面积的可砌水泥供液池,用水泵及塑料管供液。小面积的可利用水位差的原理供液。

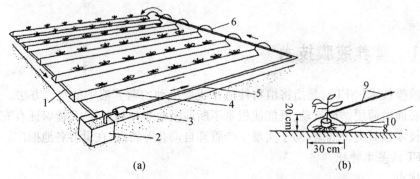

1：回流管　2：贮液池　3：泵　4：种植槽　5：供液主管
6：供液支管　7：笛　8：育苗钵　9：木夹子　10：黑白双面塑料薄膜

图 8-8　NFT 设施组成

(2) 小株型作物的栽培床

小株型作物的栽培床可用玻璃钢制成的波纹瓦或水泥制成的波纹瓦做槽底,适当增加种植密度,提高小株型作物的产量。一般把栽培槽架设在高度为 80~100 cm、坡降为 1/80~1/100 的铁架或木架上,便于操作。在板上用木条和圆钉按一定行距隔成长条槽,槽底铺一层薄膜,上面再平铺一层银灰色、乳白色或黑色薄膜作为定植床,上面打洞,定植叶菜幼苗,幼苗应带小岩棉方块或聚胺酯泡沫育苗块,以适当装置(水箱)供应营养液。图 8-9 所示为叶菜架式 NFT 装置。

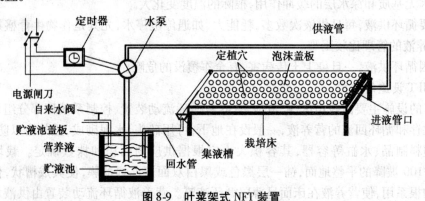

图 8-9　叶菜架式 NFT 装置

3. NFT 栽培技术关键

① 作物的种类与品种的选择。利用 NFT 栽培的作物很多,如番茄、黄瓜、甜瓜、草莓等果菜,以及生菜、鸭儿芹、菠菜、葱、茼蒿、小白菜等叶菜。但在实际生产中,既要考虑栽培的难易,更应考虑经济效益,一般可以栽培经济效益高的番茄、甜瓜、黄瓜,以及速生的叶菜如生菜等。品种一般应选择抗病、高产、具有增产优势的品种。番茄、黄瓜等作物应选择结果

性好的品种。我国北方生长期长的果菜如番茄、黄瓜等,可进行一大季栽培,能获高产,但一般以两季栽培为好。

② 带钵育苗,以利定植。无土栽培的作物,尤其是 NFT 栽培,一定要进行无土育苗,以防土传病害的发生。可用蛭石、稻壳熏炭、岩棉或聚胺酯泡沫育苗块育苗。定植的幼苗一定要带岩棉块,或装有适当大粒径基质的塑料钵,以利固定根系,便于定植和管理。

③ 要确保栽培床的适宜坡降。为使栽培床内的营养液能循环流动供液,必须使栽培床保持适宜的坡降。坡降的大小,以栽培作物后水流不发生障碍为度,一般认为 1/80~1/100 为好,即 10 m 长的栽培床,两头高差 10 cm 左右。但应注意,栽培床不能太长,床底应平整呈缓坡状,防止营养液在床内弯曲流动。

④ 营养液的供应要及时。NFT 栽培营养液的供应量少,根系又无基质的缓冲作用。因此,要及时供液,并经常补充,使其维持在规定的浓度范围内。最好定期用电导仪测定 EC 值,根据 EC 值来补充母液。生产上可以根据供液池营养液的减少量,按标准浓度加以调整补充。作物生长旺盛期、高温季节以及白天中午更应注意及时供液。采用间歇供液能有利增产。浓度可视不同作物和不同的生育期而有所改变。

⑤ 注意 pH 的调整。在作物生长的过程中,常引起营养液的 pH 发生变化,从而破坏营养液的养分平衡和可溶性,影响根系的吸收,引起作物的营养失调,应及时检测并予以调整。

⑥ 注意根际温度的稳定。NFT 栽培作物的根际温度受外界的影响大,尤其在高温季节和低温季节应引起重视。供液池可设在地下并加盖保护;栽培床可安装成半地下式,即在地面挖浅沟后铺膜做成,以使作物根际接近表土层;定植时,尤其在高温季节,根际封口应注意严密,防止茎叶受热气灼伤。

⑦ 注意防治营养失调症状及其他生理病害。要经常观察,根据典型症状作出诊断,查明原因,及时采取对策。

8.6.2 深液流技术

深液流技术(DFT)在 1929 年由美国加州农业试验站的格里克首先应用于商业生产,后在日本普遍使用,我国也有一定的栽培面积,主要集中在华南及华东地区。深液流技术现已成为一种管理方便、性能稳定、设施耐用、高效的无土栽培类型。

1. DFT 的特征

深液流技术的特征主要表现为:营养液的液层较深,营养液的浓度、温度以及水分存量都不易发生急剧变化,pH 较稳定,为根系提供了一个较稳定的生长环境。植株悬挂于营养液的水平面上,使植株的根颈离开液面,有利于氧气的吸收。营养液循环流动,增加溶氧量,消除根系有害代谢产物的积累,提高营养利用率。

2. DFT 设施的结构

深液流水培装置有贮液槽、栽培槽、水泵、营养液自动循环系统及控制系统等(图 8-10)。该系统能较好地解决 NFT 装置在停电和水泵出现故障时而造成的被动困难局面,营养液层较深,可维持无土栽培正常进行。

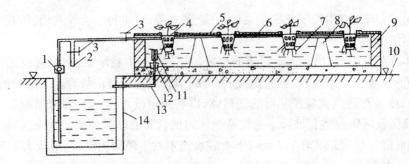

1：水泵　2：增氧管　3：流量调节阀　4：定植杯　5：定植板　6：供液管　7：营养液　8：支承墩
9：种植槽　10：地面　11：液层控制管　12：橡皮管　13：回流管　14：贮液池

图 8-10　深液流水培设施组成

在定植前往栽培槽内灌注营养液，在泡沫盖板上按 20 cm×20 cm（种植叶菜类）或 30 cm×40 cm（种植搭架果菜类）的行株距开圆孔，孔径大小应与生菜育苗钵径粗一致，然后将多孔性育苗钵（块）栽插到开好的圆孔中去，使根系接触培养槽中的营养液，当根系发出后可逐渐降低营养液层深度，增加透气性和氧气供给量。一般在秧苗刚定植时，种植槽内营养液的深度应保持距盖板底面 1~2 cm 左右，定植杯的下半部浸入营养液内，距盖板 5~6 cm，以后随着植株生长，逐渐降低水位。

8.6.3　浮板毛管水培法

浮板毛管水培法（FCH）是浙江省农业科学院东南沿海地区蔬菜无土栽培研究中心与南京农业大学吸收日本 NFT 设施的优点，结合我国的国情及南方气候的特点设计的，它改进了 NFT 水耕装置的缺点，减少了液温变化，增加了供氧量，使根系生长发育环境得到改善，避免了停电、停泵对根系造成的不良影响，在番茄、辣椒、芹菜等多种蔬菜栽培上的应用取得良好效果。

该装置主要由贮液池、种植槽、循环系统和供液系统四部分组成（图 8-11）。

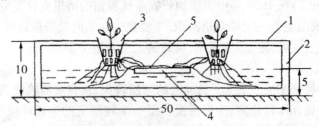

1：定植板　2：种植槽　3：定植杯　4：浮板　5：无纺布

图 8-11　浮板毛管栽培种植槽横切面（单位：cm）

除种植槽以外，其他三部分设施基本与 DFT 相同，种植槽由聚苯乙烯板做成长 1 m、宽 40~50 cm、高 10 cm 的凹形槽，然后连接成长 15~20 m 的长槽，槽内铺 0.3~0.8 mm 厚的无破损的聚乙烯薄膜，营养液深度为 3~6 cm，液面漂浮厚 1.25 cm、宽 10~20 cm 的聚苯乙烯泡沫板，板上覆盖一层亲水性无纺布，两侧延伸入营养液内，通过毛细管作用，使浮板始终保持湿润。秧苗栽入定植杯内,然后悬挂在定植板的定植孔中,正好把槽内的浮板夹在中间,根系从定植杯的孔中伸出后,一部分根爬伸生长到浮板上,产生根毛吸收氧气,一部分根伸到营养液内吸收水分和营养。定植板采用厚 2.5 cm、宽 40~50 cm 的聚苯乙烯泡沫板,覆盖于种植槽上,定植板上开两排定植孔,孔径与育苗杯外径一致,孔间距为 40 cm×20 cm。一般在秧苗刚定植时,种植槽内营养液的深度保持在 6 cm 左右,定植杯的下半部浸入营养液内,以后随着植株生长,逐渐下降到 3 cm。

8.7 雾 培

雾培又称雾气培。它是将营养液压缩成气雾状直接喷到作物的根系上,根系悬挂于容器的空间内部的培植方法。通常用长 2.4 m、宽 1.2 m 的聚苯乙烯发泡板,按"人"字形斜立搭设成三角形封闭空间,在斜立的板上按 20 cm×20 cm 的行株距打孔,孔径为 2~3 cm,于孔中栽培作物。两块泡沫板斜搭成三角形,形成空间,供液管道在三角形空间内通过,向悬垂下来的根系上喷雾。一般每间隔 2~3 min 喷雾几秒钟,营养液循环利用,同时保证作物根系有充足的氧气。但此方法设备费用太高,需要消耗大量电能,且不能停电,没有缓冲的余地,目前还只限于科学研究应用,未进行大面积生产。

本章小结

本章主要介绍了无土栽培的优点和缺点,无土栽培的分类,无土栽培常用的基质类型及其各种基质主要的物理性质,营养液的配制技术和日常管理技术;还介绍了常见水培的结构特点和管理要点。重点要求掌握基质的物理性质、营养液的配制技术和日常管理的基本方法,为今后进一步研究无土栽培技术和在生产上应用无土栽培技术奠定基础。

复习思考

1. 无土栽培的优点和缺点有哪些?
2. 如何测定基质的物理性质?
3. 营养液配制应注意哪些问题?
4. 如何进行营养液的日常管理?
5. 有机生态型无土栽培的技术要点有哪些?
6. NFT 栽培技术的要点有哪些?

第 9 章　灌溉和施肥设施

本章导读

本章主要介绍了设施内主要的灌溉方式,即微喷灌和滴灌的组成、工作原理和日常维护要求;还介绍了常用施肥设备的组成、工作原理。通过本章的学习,要求了解设施灌溉和施肥设备的基本组成;了解灌溉和施肥设备的工作原理;掌握灌溉和施肥设备的使用与日常维护,达到节约水资源、合理施肥和灌溉的管理目标。

温室是一个相对封闭的生产环境,不能利用天然雨水直接进行灌溉,作物灌溉需要依靠人工控制来实现,因此灌溉设备是温室的重要组成部分。温室灌溉按其水流方式的不同,可分为滴灌、微喷灌、渗灌和小管出流四种类型。与普通的灌溉相比具有以下特点:① 温室灌溉设备的选择应与栽培作物的方式、栽培环境相配套;② 形式多样对土壤、地形、作物和设施的适应性强,可提高温室内土地的利用率;③ 采用精量灌溉技术,可根据作物对水、肥的需求特点进行灌溉,水肥的利用率提高,节省了资源;④ 利用精量灌溉可实现机械化管理,水、肥供应也可一体化,省工省力,提高工作效率;⑤ 采用精量灌溉技术,可降低设施内空气湿度,使地温降幅减小,减少病虫害的发生,提高农作物产量;⑥ 降低能耗,节约成本,提高经济效益;⑦ 可利用电脑对环境指标进行分析,确定最佳灌溉方案,促进作物的生长,实行智能化管理。

9.1　微喷灌

微喷灌是通过低压管道系统,以小流量将水喷洒到土壤和作物表面进行灌溉的方法。它是在滴灌和大田喷灌的基础上逐步形成的一种新的精量灌水技术。微喷灌时,水流以较大的速度由微喷头的喷嘴喷出,在空气阻力的作用下形成细小的水滴落到土壤、作物的表面,湿润土壤。由于微喷头出流孔口直径和出流流速(或工作压力)都比滴灌滴头大,从而大大减少了堵塞概率。微喷灌还可将可溶性化肥随灌溉水直接喷洒到作物叶面或根系周围的土壤表面,提高施肥效率。

9.1.1 微喷灌的组成及设备

1. 微喷灌系统的组成

微喷灌系统由水源、首部枢纽、供水管网、微喷头和自动控制设备组成(图9-1)。

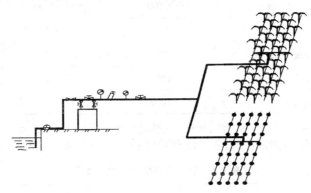

图9-1 微喷灌系统示意图

(1) 水源及其要求

微喷灌的水源应符合农田灌溉水质要求,可以是地面水源,也可以是地下水源。

地面水源是指可以作为农业设施和保护地灌溉工程用的江水、河水、湖泊水、塘堰水、水库水等。由于地面水源来源于大气降水(如雨、雪、冰、雾等),并且直接与大气相接触,因此易受周围环境的污染,一般浑浊度都较高,泥沙含量高,水质、水温变化大。但地面水源也具有水量充沛、取用较方便、矿化度及硬度较低等优点。

地下水源是指埋藏于地面以下地层中的水源,统称为地下水。地下水源主要来源于大气降水和地面水源的渗入。由于地下水埋藏在地表以下,在地层流动,受地层吸附、过滤和微生物的作用,故一般具有水质洁净、无色无味、悬浮杂质少、水温变化小、分布面广、不受环境污染等优点。但它的流速和径流量小,矿化度和硬度较高。地下水可以就地开采利用,投资少,见效快。

无论选用哪一种灌溉水源,都应该满足以下几方面的基本要求:

① 水量:应能充分满足栽培区灌溉用水的要求。

② 距离:水源的位置应尽可能靠近农业设施和保护地区域,减少设备投资和运行成本。

③ 无污染:灌溉水源的水质应符合《农田灌溉水质标准》。

④ 杂质少:在微灌水源中各种杂质应尽量少,防止灌溉系统堵塞,增加管理难度和生产成本。在微灌系统中表明堵塞程度的水质指标见表9-1。引起过滤器堵塞的藻类见表9-2。

表 9-1　在微灌系统中表明堵塞程度的水质指标

杂质类型		堵塞程度		
		轻	中	严重
物理因素	悬浮固形物/(mg·L^{-1})	<50	50~100	>100
化学因素	pH	<7.5	7.0~8.0	>8.0
	溶解物/(mg·L^{-1})	<500	500~2 000	>2 000
	锰/(mg·L^{-1})	<0.1	0.1~1.5	>1.5
	全部铁/(mg·L^{-1})	<0.2	0.2~1.5	>1.5
	硫化氢/(mg·L^{-1})	<0.2	0.2~2.0	>2.0
生物因素	细菌含量/(个·mL^{-1})	<10 000	10 000~50 000	>50 000

注：① 表中数值指使用标准分析方法,从有代表性的水样中所测的最大浓度；② 每升水中细菌的最大数目,可从变动的田间取样和试验室分析得到,细菌数量反映了藻类和微生物的营养状况

表 9-2　引起过滤器堵塞的藻类

纲名	种名	规格/μm	
		单体	
硅藻	小球藻	集11群	11
	桥弯藻	12	20
	脆杆藻	5~8	60~100
	直链藻	10	20
	舟形藻	3~5	70~100
	针形藻	1~5	90~150
绿藻	水绵	10~20	
	转板藻	6~20	
蓝藻	颤藻	3~8	
鞭毛藻	多甲藻	42~52	44~52

（2）首部枢纽

完整的首部枢纽主要包括水泵与动力机、净化过滤设备、施肥装置、测量和保护设备、水加温设备等。

在设施灌溉中常用的水泵有离心泵、潜水泵、深井水泵等；动力机在南方地区以电动机为主,配合有柴油机、汽油机等；净化过滤设备主要有拦污网、沉淀池、介质过滤器、网式过滤器等；施肥装置主要有压差式施肥罐、文丘里施肥器、电动施肥泵和水动施肥泵等；测量和保护设备主要包括水表、压力表、安全阀、单向(逆止)阀和进排气阀等；在北方地区由于冬季十分寒冷,为了防止冷水直接灌溉产生的不良影响,通常在冬季要对灌溉水进行加温,因此还要配备相应的水加温设备,以电加温居多。

(3) 供水管网

供水管网的作用是将经首部枢纽处理过的压力水,按照所设计的灌溉路线送到灌溉区,最终通过微喷头实现灌溉。供水管网主要包括干管、支管,干管和支管通常采用硬质聚氯乙烯(U-PVC)、软质聚乙烯(PE)等塑料管。为了提高土地利用率,根据使用要求,通常可将干管埋于地下或架于设施的骨架上,留有相应的接口,可选用不同的微喷头与之灵活连接。目前在大型设施内,移动喷灌车的运用也越来越普遍。

管件是将管道连接成管网的部件。管道的种类与规格不同,所用的管件不尽相同。如干管与支管的连接需要等径或异径三通,还要设置阀门,以控制进入支管的流量;支管与毛管的连接需要异径三通、等径三通、异径接头等管件;毛管与微喷头的连接需要旁通、变径管接头、弯头、堵头等管件。管件的材料多为塑料,也可以用钢管加工。

(4) 微喷头

微喷头是微喷灌系统的主要部件,它直接关系到喷洒质量和整个系统运行是否可靠。按现有微喷头的结构形式及工作原理进行分类,微喷头一般分为射流式、离心式、折射式和缝隙式四种。最常用的主要是折射式和射流式两种。折射式没有旋转部件,一般又称固定式微喷头;射流式喷头带有旋转部件(或称运动部件),喷头在喷水的同时也在不停地旋转,故又称旋转式微喷头。微喷头的工作压力一般为 50~2 000 kPa,喷嘴直径为 0.8~2.2 mm,喷水量一般小于 240 L/h。

2. 微喷灌系统的设备

(1) 水泵

水泵是微喷灌系统的心脏,它从水源抽水并将无压水变成满足微喷灌要求的有压水。水泵的性能直接影响着微喷灌系统的正常运行及费用。应根据微喷灌系统的需要选用相应性能的高效率水泵。

(2) 过滤器

在微灌系统中,由于灌水器的流道、孔口直径等比较小,水源中的难溶性矿物质、有机颗粒、肥料和农药中的不溶性杂质等,都易引起堵塞,影响微灌系统的正常工作。在生产中应针对引起堵塞的主要原因选择合适的过滤器,以便到达良好的净化水源的效果。对于灌溉水的源头可以采用拦污网、沉淀池等进行初处理,然后再通过过滤设备进一步过滤。生产中常用的过滤器有筛网式过滤器、叠片式过滤器、砂石过滤器、离心式过滤器等。

① 筛网式过滤器 它的过滤介质有塑料网、尼龙筛网或不锈钢筛网,主要作为末级过滤(图 9-2)。它的过滤效果主要由筛网的孔径大小(即网的目数)决定,筛网的目数越大,过滤效果也越好,但也容易引起堵塞,一般要求过滤器的滤网孔径大小为所使用灌水器孔径的 1/10~1/7 即可。

② 叠片式过滤器 叠片式过滤器是由大量的很薄的圆形叠重叠起来,并锁紧形成一圆柱形滤芯,

图 9-2 网式过滤器
(山东莱芜丰源节水灌溉设备有限公司)

每个圆形叠征的两个面分布着许多滤槽,当水流经过这些叠片时,利用盘壁和滤槽来拦截杂质(图9-3、9-4)。这种类型的过滤器过滤效果要优于筛网式过滤器,所以在水质太差时不宜作为初级过滤。

图9-3　叠片式过滤器　　　　图9-4　韩国泰光2.0寸叠片式过滤器　　　图9-5　离心式过滤器
(爱尔(东莞)净水设备有限公司)

③ 离心式过滤器　其工作原理是由高速旋转的水流产生的离心力,将砂粒和其他较重的杂质从水体中分离出来,它内部没有滤网,保养方便,可作为高含砂量水源的主过滤器(图9-5)。生产中应把握水质的污染程度选择不同的过滤器(表9-3)。

表9-3　过滤器的类型选择

污物类型	污染程度	定量标准	离心式过滤器	砂石过滤器	叠片式过滤器	自动冲洗筛网过滤器	控制过滤器的选择
土壤颗粒	低	≤50 mg/L	a	b	—	c	筛网
土壤颗粒	高	>50 mg/L	a	b	—	c	筛网
悬浮固形物	低	≤50 mg/L	—	a	b	c	叠片
悬浮固形物	高	>50 mg/L	—	a	b	c	叠片
藻类	低		—	b	a	c	叠片
藻类	高		—	a	b	c	叠片
氧化铁和锰	低	≤50 mg/L	—	b	a	c	叠片
氧化铁和锰	高	>50 mg/L	a	b	b	b	叠片

注:控制过滤器指二级过滤器,a为第一选择方案;b为第二选择方案;c为第三选择方案。

(3) 施肥装置

施肥装置是微灌系统的重要组成部分,也是一项重要的功能。通过施肥装置将溶解于水的化肥溶液或药液,注入管道系统随水滴入土壤中,完成施肥或喷药过程。根据向管道系统注入溶液或药液的方法不同,施肥装置有压差式、泵注式和文丘里式三种。

① 压差式施肥罐 压差式施肥罐又称旁通施肥罐。罐上安装有进水管和出水管,并与主管相连。在主管上位于进、出水管相连接点的中间设调压阀。当调压阀稍关闭时,两边即形成压差,一部分水流经过进水管进入化肥罐,溶解罐内化肥,然后化肥液又通过出水管进入主管进行施肥。

压差式施肥罐是按数量施肥方式施肥,开始时流出的肥料浓度较高,随着施肥的进行,罐中肥料越来越少,浓度越来越低。阿莫斯特奇总结了罐内不断降低的溶液浓度的规律,在相当于4倍罐容积的水流通过罐体后,90%的肥料已进入灌溉系统。流入施肥罐内的水量,可通过安装在进水管上的流量计(水表)来测得。因此,在生产中可根据理论施肥时间、施肥罐的大小来计算出进入施肥罐的水量,从而通过调压阀来调节其流量。

压差式施肥罐要求肥料罐具有良好的密封及抗压、防腐性能,常用金属、塑料制成。压差式施肥罐结构简单,造价较低,不需外加动力设备。

② 注射泵 注射泵使用活塞泵或隔膜泵向滴灌系统注入肥料,通常有水力驱动泵、电机或内燃机驱动泵以及施肥机。目前本地区在生产中应用最多的是水力驱动的杜塞泵。在荷兰进口的现代化温室中,特别是在无土栽培中,施肥机的应用也较为普遍。泵注法的优点是肥料浓度稳定,施肥质量好,效率高,可实现电脑自动控制(图9-6)。

③ 文丘里注入器 其工作原理是:水流通过一个由大渐小然后由小渐大的管道时(文丘里管喉部),在狭窄部分流速加大,压力下降;当喉部管径小到一定程度时管内水流便形成负压,在喉管侧壁上的小口可以将肥料溶液从一敞开肥料罐通过小管径细管吸上来。文丘里注入器结构简单,造价低廉,使用方便,非常适用于小型滴灌系统。因为将文丘里注入器直接装在主管路上造成的压力损失较大,因此,一般应采取并联方法与主管路连接(图9-7)。

以上施肥装置均可进行某些可溶性农药的施用。为了保证滴灌系统运行正常并防止水源污染,必须注意以下几点:注入装置一定要设在水源与过滤器之间,以免未溶解的化肥或农药或其他杂质进入微灌系统,造成堵塞;施肥、施药后必须用清水把残留在系统内的肥液或农药冲洗干净,以防止设备被腐

1:进水管 2:进口阀 3:旁通阀 4:吸肥管
5:出口阀 6:肥料桶 7:过滤器 8:杜塞泵
图9-6 水动驱动泵(杜塞泵、肥料配比机)示意图

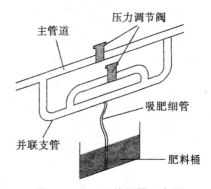

图9-7 文丘里施肥器示意图

蚀;水源与注入装置之间一定要安装逆止阀,以防肥液或农药进入水源,造成污染。施肥器安装在滴灌系统的首部。三种施肥装置的优缺点比较见表9-4。

表9-4 三种施肥装置的优、缺点比较

类 型	优 点	缺 点
压差式	结构简单,制造容易,造价较低,不需外加动力设备,应用较广泛	肥料溶液浓度变化大且无法控制,灌溉容积有限,有一定水头损失
泵注式	肥料浓度稳定,施肥质量好,效率高	需加注入泵,造价较高
文丘里式	结构简单,造价低廉,使用方便	水头损失太大

(4) 微喷头

① 折射式微喷头 折射式微喷头主要部件包括喷嘴、折射锥(折射破碎机构)、支架。有单向和双向喷水两种形式。其工作原理是:压力水流由喷嘴垂直向喷出,在折射锥的作用下,水流受阻力而改变方向,被粉碎成薄水层向四周射出,在空气阻力的作用下形成细小的水滴散落,水压越大其雾化性越好,射程也越远。该喷头结构简单,没有运动部件,工作稳定,价格便宜。它适用于果树、苗圃、温室大棚、园林花卉及食用菌培养场所。常用的几种折射式喷头如图9-8所示,插地杆、毛管及折射喷头的组装如图9-9所示。

(a) 简易雾化喷头

(b) G型折射喷头

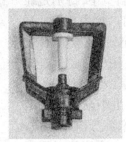
(c) 折射喷头

图9-8 常用的几种折射式喷头

图9-9 插地杆、毛管及折射喷头

② 旋转式微喷头 旋转式微喷头又称射流式微喷头,由支架、旋转臂、喷水口和连接件四部分组成。其工作原理是:压力水流由喷嘴垂直向上喷出后,射到可以旋转的单向折射臂上,不仅使水流改变了方向,能按一定的仰角射出,同时也对折射臂产生一定的反作用力,使之快速旋转,将水流进一步粉碎,故为全圆式喷洒。该喷头带有运动部件,加工精度要求高,运动部件在高速旋转下也易磨损,因此使用寿命较短。它适用于果园、茶园、苗圃、蔬菜、城市园林绿地等灌溉,用于大面积湿润灌溉与降温喷洒则效果更佳。常用的几种旋转式喷头如图9-10所示,插地杆、毛管及旋转喷头的组装如图9-11所示。

(a)单侧轮G型旋转喷头　　(b)双侧轮G型旋转喷头　　(c)单侧轮旋转喷头

图9-10　常用的几种旋转式喷头

图9-11　插地杆、毛管及折射喷头

③ 离心式微喷头　离心式微喷头由喷嘴、喷头座、导流心室(离心室)和进水口接头组成。其工作原理是：压力水流从切线方向进入导流心室，绕垂直轴旋转，然后通过喷头中心的喷嘴呈水膜射出，水膜在空气阻力的作用下粉碎成水滴散落。该喷头具有结构简单、体积小、工作压力低、雾化程度高、流量小、不易堵塞等特点，适用于蔬菜、花卉、园林绿化等。图9-12所示为常用的四出口雾化喷头。

④ 缝隙式微喷头　这种喷头的特点是雾化，呈扇形向上喷洒，特别适用于长条带状形花坛微喷(图9-13)。

图9-12　四出口雾化喷头

图9-13　缝隙式微喷头

(广州华润喷泉喷灌有限公司)

(5) 控制、测量与保护装置

各种控制、测量与保护装置的性能及在滴灌系统中的安装部位见表9-5。

表 9-5　各种控制、测量与保护装置的性能及在滴灌系统中的安装部位

分类		作用	优点	缺点	在滴灌系统中的安装部位
控制装置	闸阀	一般控制	启闭力小、阻力小、双向流动	结构比较复杂	安装在干、支管首端
	球阀	快速启闭	结构简单、体积小、阻力小	启闭速度快	安装在干、支管末端做冲洗阀
	截至阀	严密控制	结构简单、密封性好、维修方便	阻力大、启闭力大	系统首部与供水管连接处,施肥、施药装置与灌溉水源连接处
	逆止阀	防止倒流	供水停止,自动关闭		水泵出水口,供水管与施肥、施药装置之间
保护装置	安全阀	消除启闭阀门过快或突然停机造成的管路中压力突然上升			安装在水泵出水侧的主干输水管上
	进排气阀	开始输水时防止气阻;供水停止时防止管内出现负压	自动进气、排气		安装在系统中供水管及干、支管和控制竖管的高处
	冲洗阀	定期冲洗管端部的淤泥或微生物团块;停止灌溉时排空管路	自动冲洗、排空		安装在支、毛管末端,用做放空水和冲洗
测量装置	压力表	测量管路中的压力(滴灌系统中通常选用弹簧管压力表)	精度适中	压力量度范围较小(980 kPa以下)	水泵进出水口,施肥、施药装置和过滤器分别与供水管连接点的前后
	水表	测量管道中通过的流量			安装在干、支、毛细管首端控制流量

9.1.2　微喷灌的设计

1. 微喷灌系统的设计内容和原则

微喷灌系统设计总的要求如下:
① 微喷灌系统的设计灌水均匀度应大于 85%。
② 微喷灌系统的组合喷灌强度应小于土壤的入渗能力。
③ 雾化指标应适应作物和土壤的耐冲刷能力。
④ 工程建成后应具有较高的经济效益,初步分析的益本比大于 2.0。

2. 微喷头组合方式及其选择微喷头的组合方式

微喷头组合方式及其选择微喷头的组合方式有正方形、矩形、正三角形和等腰三角形等四种。

微喷头的组合方式除受到保护地边界条件限制外,还受到其他条件的制约。因此,其组合形式按下列步骤进行:

(1) 微喷头的喷洒方式

微喷头的喷洒方式因其形式不同有多种形式,如全圆喷洒、扇形喷洒、带状喷洒等。在保护地中,除了微喷头喷洒半径必须小于保护地尺寸要求外,在保护设施边界处应选择扇形喷洒,而中间部位可选择全圆喷洒方式。全圆喷洒能充分利用射程,使系统造价较低。

(2) 选择微喷头的组合形式

选择微喷头的组合形式就是指微喷头在田间的布置形式,一般用相邻的4个微喷头的平面位置组成的图形表示。其组合间距用 S_e 和 S_l 表示:S_e 表示同一条支管上两相邻微喷头的间距;S_l 表示相邻两支管的间距。一般应尽可能使支管间距 S_l 大于或等于喷头间距 S_e,即选择正方形喷洒组合或矩形喷洒组合,以减少支管用量,节省设备投资。

(3) 组合间距

保护地中的微喷灌灌溉组合间距应根据保护地边界条件,用作图法进行组合间距布置。

3. 微喷灌设计的关键技术

微喷灌系统设计必须考虑土壤的干容重、田间持水率、允许喷灌强度及计划湿润层深度等,依次计算灌水定额、允许组合喷灌强度等;先根据保护地条件选择好组合方式,再进行微喷灌设计。

9.1.3 微喷灌的运行与管理

1. 用水管理

微喷灌的用水管理主要是执行制定的灌溉制度。亩用水定额的计算公式为:

$$亩用水定额(m^3) = 土壤容重(t/m^3) \times O \times 计划湿润深度(m) \times 667 \text{ m}^2$$

式中,O 为土壤适宜含水量的上下限。

苗期计划湿润深度为 0.3~0.4 m,随着作物生长逐渐加深,最深不超过 0.8~1.0 m。

具体的灌水时间和灌水量应根据作物及其不同生育时期作物需水特性及环境条件,尤其是土壤含水量确定,也可采用张力计来控制微喷灌的时间和量。

2. 施肥管理

在微喷灌过程中施肥具有方便、均匀的特点,容易与作物各生育阶段对养分的需求相协调;易于调整对作物所需养分的供应;有效利用和节省肥料,施用液体肥料更方便,且能有效地控制施肥量。但有的化肥会腐蚀管道中的易腐蚀部件,施肥时应加以注意。

微喷灌系统大部分采用压差化肥罐,用这种方法施肥的缺点是液肥浓度随时间不断变化。因此,以轮灌方式逐个向各轮灌区施肥,要控制好施肥量,正确掌握灌区内的施肥浓度。另外,喷洒施肥结束后,应立即喷清水冲洗管道、微喷头及作物叶面,以防止产生化肥沉淀,造成系统堵塞及喷洒作物叶片被烧伤。

9.2 滴　　灌

滴灌是滴水灌溉的简称,它是将加压水(有时混入可溶性化肥或农药)经过滤后,通过管道输送至滴头,以水滴(或渗流、小股射流等)形式,适时适量地向作物根系供应水分和养分的浇灌方法。滴灌具有部分湿润土体,作物行间仍保持干燥,经常不断并缓慢地浸润根层及输水、配水运行压力低的特点,是一种机械化、自动化的灌水技术,也是一种高度控制土壤水分、营养、含盐量及病虫等条件种植作物的农业新技术。

9.2.1 滴灌系统的组成及设备

1. 滴灌系统的组成

典型的滴灌系统由水源、首部枢纽、输水和配水管网及滴头四大部分组成。

(1) 水源

河水、湖水、自来水、地下水等均可作为水源。符合农田灌溉水质要求,含沙量较小及杂质较少的水源,均可用于滴灌水源。含沙量较大时,则应采用沉淀等方法进行处理。

(2) 首部枢纽

首部枢纽包括水泵与动力机、化肥罐、过滤器、控制及测量设备等。其作用是从水源抽水加压,经过滤后按时按量输送至管网。采用高位水池供水的小型滴灌系统,可将化肥直接溶入池中,如果用有压水做水源(水塔、自来水等),则可省去水泵和动力。

(3) 输水和配水管网

输水和配水管网包括干管、支管、毛管、管路连接件和控制设备。其作用是将压力水或化肥溶液输送并均匀地分配到滴头。

(4) 滴头

其作用是使毛管中的压力水流经过细小流道或孔眼,使能量损失或减压成水滴或微细流,均匀地分配于作物根区土壤,其流量一般不大于 12 L/h,是滴灌系统的关键部分。按滴水器的构造方式不同,滴头通常有长流道型、孔口型、涡流型等多种形式。

2. 滴灌系统的设备

滴灌系统的其他设备与微喷灌相似,不在此重复介绍,本节主要介绍滴灌系统中的滴头。滴头质量直接关系到滴灌效果,是整个系统的关键。滴头的工作压力一般在 100 kPa 左右,滴水量在每小时几千克到十几千克,出水孔口在 0.3～1.0 mm。选择滴头的要求如下:

① 滴头应具有低而均匀、稳定的流量,且流量不因一些微小的压力变化而发生明显的变化。

② 滴头不易堵塞,结构简单,便于制造、装卸和清洗。

③ 价格低廉,坚固耐用。

常用的滴头有如下几种：

(1) 线源滴头

线源滴头也称滴灌带,主要有微孔毛管和薄膜双壁管。供水时呈直线形湿润土壤,使用压力低且毛管和滴头合成一体,造价低。

微孔毛管的管壁上有许多微细孔眼,管中压力水从孔中向外渗出。据有关资料介绍,内径为 14.4 mm 的微孔毛管,每米有微孔 3 300 个,工作压力为 $1.4 \times 10^4 \sim 7.0 \times 10^4$ Pa,当水压力为 3.5×10^4 Pa 时,每米管段的流量为 0.8 L/h。

薄膜双壁管分为两个管腔,内管腔起普通毛管的作用,内管腔内的压力水经内管壁上微孔减压后流入外管腔。再由外管壁上孔眼消能后施入土壤。内管孔眼稍大于外管孔眼或内外管孔眼尺寸相同。外管单位长度上的孔眼数是内管的 4~6 倍。图 9-14 所示为单壁滴灌带。

图 9-14　单壁滴灌带

(2) 点源滴头

对于株行距较大的作物(如果树等),一般宜采用点源滴头。点源滴头有许多种类,常用的点源滴头及性能如下：

① 长流道滴头　长流道滴头有微管滴头、螺旋流道管式滴头、紊流型管式滴头等类型。紊流型滴头性能较好,它的流道为锯齿形流道,促使通过流道的水流呈紊流状态,增加了消能效果,减少了堵塞概率。

② 孔口式滴头　孔口式滴头为一种单出水口孔口滴头。它具有结构简单、过流断面大、不易堵塞、体积小、用料省、成本低、与毛管连接牢靠等优点;但流量大,均匀度欠佳。

为了适应绕树布置多个滴水点的需要,孔口式滴头也可以制成具有多个出水口的分流式滴头,利用微管将水引至规定的滴水点,此时一棵树只需安装一个滴头。

③ 脉冲滴灌　滴头堵塞是当前滴灌系统中普遍存在的主要问题。脉冲滴灌系统是一种具有自净、自控、自喷的系统,是新型滴灌系统。脉冲滴灌系统对水质要求低,可直接从河渠、湖泊、水库、水塘中取水滴灌。除此之外,它还具有灌水均匀、节省加压耗能和过滤设备投资、降低维修费用等优点。

(3) 内藏滴头式滴灌管

它是将滴头置于毛管内,滴头毛管合二为一。内藏滴头式滴灌管中滴头较小,即为线源滴头,反之则为点源滴头。此类滴灌管管壁较厚,使用寿命长,一般性能好,适应范畴广,是现代葡萄园、密植果园的理想滴灌设备(图 9-15)。

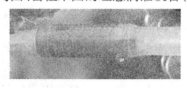 

图 9-15　内镶式线源滴头和剖面图

9.2.2 滴灌的设计

滴灌可将水直接输送到作物的根际,因此可大大节省水量,提高水的利用率。此外,滴灌形式灵活,安装方便,不受地形的影响,是一种节水灌溉技术。滴灌的设计主要考虑以下几方面的内容:

(1) 灌水量

灌水量应根据作物的种类、栽培季节和土壤条件等,选择合适的滴头,以保证充足的灌水量。

(2) 水压

水压是保证灌水均匀性的重要前提,因此应根据灌水量、灌水压力,选择合适的水泵。

(3) 长度

当水从滴头渗出后,管内的水压自然下降,因此离水头越远则压力越低,灌水量也就越少,应通过确定合理的毛管长度或增加田间支管的分布数来减少毛管中的水压差,提高灌水的均匀性。

9.2.3 滴灌的运行与管理

1. 滴灌水处理

滴灌对水质有特殊要求,一般水源必须进行有针对性的水质处理。

引起滴灌系统堵塞的原因有很多方面,如水中存在大颗粒的固体杂质,细菌的生长,藻类的繁殖,铁、硫的沉淀,钙盐沉淀等。防止堵塞就是要消除上述的影响。

(1) 物理处理

物理处理是从水中除去粒径大于系统中最小孔 1/10~1/7 的所有有机和无机杂质的方法。

① 澄清　澄清的作用是从水中除去较大的无机悬浮颗粒。常用于湍急的地面水源,如河流和沟渠。澄清也是水质初步处理的经济而有效的方法,可大大减少水中杂质的含量。澄清池加上掺气是除去灌溉水中铁质和其他固体物质的最好办法。

② 过滤　当水流通过一种多孔或具有孔隙的介质(如沙)时,水中的悬浮或胶质物质被孔口拦截或截留在孔口、孔隙中或介质的表面上,以此把杂质从母液中分离出来的方法称为过滤。过滤处理是滴灌系统中应用最广泛、最经济而有效的方法之一。

(2) 化学处理

水的化学处理目的是向水中加入一种或数种化学物品,以控制生物生长和化学反应。化学处理可单独进行,也可以与物理处理同时进行。滴灌系统中最常使用的化学处理方法是氯化处理和加酸处理。

① 氯化处理　氯化处理即加氯于水源的处理方法。氯气溶于水,起着很强的氯化剂的作用,可破坏藻类、真菌等微生物。对于微生物生长引起的滴头和孔口堵塞问题,氯化处理是经济有效的解决方法。滴灌系统最常用的水处理氯化物有次氯酸钠和氯气。

对于滴灌系统的最远处滴头而言,氯处理浓度标准如下:防止细菌和藻类生长的连续处理浓度为 1~2 mg/L;对于已在滴灌系统中生长的藻类和细菌间歇处理的浓度为 10~20 mg/L,并维持 30~40 min。大多数情况下,为了控制微生物黏液的生长,需要用间歇处理方法。时间间隔取决于水源污染程度,开始时间短一些,然后逐渐拉开。在有机物已经影响了滴头流量的情况下,要进行超量氯处理,浓度为 500 mg/L,并关闭整个系统,维持 24 h 后冲洗所有支管和毛管。为了控制铁细菌,氯浓度要比铁含量大 1 mg/L。控制铁沉淀的氯用量为 Fe^{2+} 含量的 0.64 倍,控制锰沉淀的氯用量为 Mn^{2+} 含量的 1.3 倍。

② 加酸处理 加酸处理通过降低 pH 的方法解决水质问题。通常用于防止可溶物的沉淀(如碳酸盐和铁),也可以防止滴灌系统中微生物的生长。

酸处理通常是间歇地进行的,它一般不影响大多数多年生植物的生长。对酸的管理和使用应注意:应将酸加入水中,而不要将水加入酸中。由于一般金属部件不耐酸,应当选用耐酸的注入泵。

通常使用的酸有盐酸和硫酸。如果使用不当,所有酸都是有害的。为了确定加酸量,可以取一个 100 L 的圆桶灌满灌溉用水,缓慢加入使用的那种酸并充分搅拌,用 pH 试纸测量其 pH,并重复这一过程直到获得预期的 pH,当获得 100 L 水所需的酸量后,假如已知进入滴灌系统的水量,就可非常容易地计算出加酸量。加酸 30~40 min 后停止,并关闭滴灌系统 24 h,然后冲洗所有支管和毛管。

2. 滴灌系统的运行管理

(1) 滴灌的水管理

滴灌的水管理是滴灌系统运行管理的中心内容。以土壤水分的消长作为控制指标进行滴灌,使土壤水分处于适宜的范围,是有效的方法。测定土壤水分的方法很多,但以"张力计"法较为普遍。张力法的测量范围一般为 $0~1×10^5$ Pa。旱地土壤有效水的范围是从田间持水量到萎蔫之间的含水量,水分所受到的吸力为 $0.3×10^5~15×10^5$ Pa,对于绝大多数作物而言,在水分所受到的吸力为 $0.3×10^5~1×10^5$ Pa 之间,也就是说当张力计的读数为 $1×10^5$ Pa 时开始灌水,灌到 $0.3×10^5$ Pa 时停止。当然,合理滴灌的指标还应根据作物及不同生育阶段对土壤水分的要求,以及气候、土壤条件作适当调整。

(2) 滴灌系统的日常管理

滴灌系统的日常管理内容包括:根据作物的需要,张力计读数开启和关闭滴灌系统;必要时,由滴灌系统施加可溶性化肥、农药;预防滴头堵塞,对过滤器进行冲洗,对管路进行冲洗;规范运行操作,防止水锈的产生。

(3) 滴灌施肥

滴灌施肥是供给作物营养物质最简便的方法。一般将称好的肥料先装入一容器内加水溶解,然后将肥料溶液倒入水池(箱),经过一定时间肥料液扩散均匀后再开启滴灌系统随水施肥。为保证均匀,应采用低浓度、少施勤施的方法,池(箱)中最大浓度不宜超过 500 mg/L。

9.3 膜下灌溉技术

9.3.1 膜下灌溉的概念

膜下灌溉是近年来新开发的一种在地膜下面通过滴灌设备进行浇灌的新技术(图9-16)。其优点是:省水、节能、省力,土壤不易板结,施肥、浇水等能一次完成,便于实现灌水、施肥自动化;能降低保护地设施内的空气湿度,有利于防止病虫害的发生。膜下灌溉在我国目前的蔬菜保护地栽培中应用较为普遍。

图9-16　膜下灌溉技术

9.3.2 膜下灌溉的方法

膜下灌溉的方法是:首先根据栽培作物的种类确定好畦的宽度,然后在畦面上铺上软滴灌带(软滴灌带为无毒聚乙烯薄膜管,直径一般为 20～40 mm,在管壁上每隔 15～40 cm 开有两排直径为 0.6～1.0 mm 的小孔),铺设时将小孔朝上,顺着畦长方向把管放好,管长与畦同长。为了保证供水均匀,一般要求管长不超过 60 m,在畦面上铺设滴灌带的根数应与栽培方式相配套,如高畦双行栽培黄瓜时通常铺两行。

将滴灌带的一头用铁丝封死,另一端连接在水源主管道上,以备灌水。此外,应在进水管道上安一阀门以备用。管道安好后,畦上覆盖地膜进行作物栽培。灌水时打开水泵即可进行灌溉,如需施肥、药水灌根时,可将肥料或农药配制成一定浓度的母液,然后用水泵通过阀门与水一起输送至作物根系附近。

软滴灌带一般使用压力较低,水压为 0.25～3.00 kg/cm^2,每个水孔出水速度为 0.03～1.8 L/min。如果压力过高容易造成管壁破裂,在使用过程中应适当注意。膜下灌溉也有不足之处,如对水质要求较高,水孔有时出现堵塞,容易造成灌水不均匀等。

9.3.3 膜下灌溉的作用与应用

膜下灌溉技术是目前提高温室种植效益的关键技术之一,其作用体现在以下几个方面:
① 节约用水;
② 降低设施内的湿度;
③ 减轻病害的发生;
④ 提高地温,促进根系发育;

⑤ 提高产量和品质。

本章小结

本章主要介绍了目前生产上推广运用的节水灌溉技术,还介绍了各种微灌技术的结构、组成和运用,通过学习要求掌握各种微灌技术的设置、管理和维护技术。

复习思考

1. 微灌技术的主要组成部分有哪些?
2. 微灌技术对水质有哪些要求?
3. 微灌技术在运用时要掌握哪些技术要素?
4. 滴灌有哪些优点?
5. 膜下灌溉的作用有哪些?

附录 课程实践指导

实践1 设施类型的调查

1. 目的要求

通过对院内实训基地园艺设施的实地调查和观看录像、幻灯、多媒体等影像资料,要求了解园艺设施的类型及其结构特点、性能和在生产中的应用。

2. 材料与用具

学校试验基地的园艺设施,多媒体图片和录像片、幻灯片。

3. 实践步骤与方法

(1) 实地调查

到学校的园艺科研基地或附近的生产单位,进行实地调查,主要调查内容如下:

① 调查、识别当地温室、大棚、中棚(小棚)、温床(风障、阳畦)等几种园艺设施结构的特点,观察各种园艺设施的场地选择、设施方位和整体规划情况。分析各种类型不同形式园艺设施结构的异同、性能的优劣和节能措施的设置状况。

② 调查各种园艺设施调控环境的手段,包括防寒保温、充分利用太阳能和人工加温、遮阳降温、通风换气等环境调控措施在生产中的应用情况。

③ 调查记载各种类型园艺设施在本地区的主要利用季节、栽培作物种类、周年利用状况等。

(2) 观看录像、幻灯、多媒体等影像资料

观看地面简易园艺设施(简易覆盖、近地面覆盖)、地膜覆盖、小型园艺设施(小棚、中棚)、大型园艺设施(大棚、温室)等各种园艺设施的影像资料,了解各种园艺设施的结构特点、性能及使用情况。

[作业与思考]

1. 根据当地园艺设施的类型、结构、性能及其应用的状况,写出实践报告。
2. 绘制出日光温室、塑料大棚、温床等设施纵断面示意图,并注明各部位名称和尺寸。
3. 对当地园艺设施的发展趋势作出评价。

实践2　塑料拱棚结构的观测与设计

1. 目的要求

通过实地调察、测量塑料拱棚的结构，初步学会进行塑料拱棚设计的方法和步骤，能够画出优型结构的单栋塑料拱棚的断面示意图及平面图。

2. 材料与用具

皮尺、细绳、钢卷尺、专用绘图用具和纸张。

3. 实践步骤与方法

(1) 实地调查

到学校的园艺科研基地或附近的生产单位，进行实地调查和观测，主要内容如下：

① 调查塑料拱棚的方位、骨架材料的构成。

② 实际测量塑料拱棚的跨度、长度和高度，计算保温比。

③ 调查塑料拱棚的结构组成，如果是竹木结构的拱棚，调查横向和纵向立柱的设置、立柱的粗度（如果是钢架结构大棚，调查拱架的结构）、拱架(杆)的间距、拉杆的设置、压膜线的材料、地锚的设置等；如果是钢管装配式拱棚，调查拱棚的基本结构，各种配件的类型。

④ 调查和测量门的设置和规格，调查覆盖材料的种类。

⑤ 调查拱棚的附属设施，如卷膜器、多层覆盖材料的设置。

⑥ 调查塑料拱棚在当地的应用季节及主栽的作物种类。

(2) 塑料拱棚结构的设计

优型结构的塑料拱棚应具备以下特点：

① 具有良好的采光性能，同时具有使光分布均匀的特点。

② 具有良好的保温构造，保温比适当。

③ 塑料拱棚的结构尺寸规格及其规模要适当。

④ 大棚结构应具有抵抗当地较大风雪荷载的强度，同时又能避免骨架材料过大造成的遮光。

⑤ 具有通风、排湿、降温等环境调控功能。

⑥ 有利于作物生育和便于人工作业的空间。

⑦ 应具备充分利用土地的特点。

塑料拱棚结构设计的步骤如下：

① 根据自然和经济状况，选择合适的塑料拱棚类型，确定塑料拱棚的方位和大小（长度、跨度、高度）。

② 在坐标纸上画出塑料拱棚的轮廓。

③ 确定立柱的位置和高度、拱杆(架)的结构及间距以及纵向拉杆的设置。

④ 确定压膜线的材料，确定门的位置及规格。

⑤ 选择合适的透明覆盖材料类型及卷膜器、保温帘幕的设置。

⑥ 确定拱棚基础深度及地锚的深度及设置。

[作业与思考]

1. 根据实地对塑料拱棚结构的观测与调查,写出一篇评价塑料拱棚结构优劣的实践报告。
2. 认真绘出所设计的塑料拱棚的断面图、平面图和立体图,并写出设计说明和使用说明。
3. 写出所设计的一栋拱棚的用材种类、规格和数量。

实践3 电热温床的设计与安装

1. 目的要求

掌握电热温床的设计计算方法以及自动温度调节的原理和布线方法,熟悉土壤电热线与自动控温仪的安装使用方法。

2. 材料与用具

不同型号的电热线、自动控温仪、交流接触器、导线若干、稻草、木屑、牛粪等。

3. 实践步骤与方法

(1) 电热温床的结构

南方地区的电热温床多设置在大棚或阳畦内,为减少热量损耗,最好用隔热层把床土和大地隔开。隔热层材料可就地取材,稻草、木屑、牛粪等均可。平整床基后铺一层塑料薄膜,然后铺上约 5~10 cm 厚的保温材料,上面再盖一层塑料薄膜,薄膜上覆盖 3~5 cm 厚的培养土。床土上按要求布设电热线,最后再盖一层培养土。如果是苗床直播,则这层培养土的厚度应为 5~10 cm。若用育苗盘或营养钵育苗,土层的厚度为 0.5~5 cm 即可。温床夜间最好再扣小拱棚保温。

(2) 选择适宜型号的电热线

电热线可分为给空气加热线和土壤加热线两类,两者不要混用。空气加热线的绝缘层选用耐高温的聚乙烯或聚氯乙烯,土壤加热线采用聚氯乙烯或聚乙烯注塑,厚度为 0.7~0.95 mm,比普通导线厚 2~3 倍。电热线和导线的接头采用高频热压工艺,不漏水,不漏电。目前市场出售的电热线的型号及主要参数见附表 3-1。

附表 3-1 电热线的主要技术参数

种 类	生产厂家	型号	功率/W	长度/m
土壤加热线	上海市农业机械研究所	DV20406	400	60
		DV20410	400	100
		DV20608	600	80
		DV20810	800	100
		DV21012	1 000	120
		DP20810	800	100

续表

种 类	生产厂家	型号	功率/W	长度/m
空气加热线	上海市农业机械研究所	DP21012	1 000	120
		KDV	1 000	60
	浙江省鄞县大嵩地热线厂	F421022	1 000	22

购买和使用电热线时,一定要注意几个技术参数,即额定工作电压、额定功率、使用温度、线全长。在使用过程中若达不到参数要求,就达不到预期效果,会造成能源浪费;若超过参数要求,将会发生事故。

(3) 控温仪的选择

目前用于电热温床的控温仪基本上是农用控温仪,它以热敏电阻做测温,以继电器的触点做输出,仪器本身的电源是220 V,控温范围为10 ℃ ~ 40 ℃,控温的灵敏度为±0.2 ℃。目前生产控温仪的厂家及控温仪的型号见附表3-2。其中,上海农业机械研究所生产的ZWKQ-1组合式控温仪,具有补偿功能,即被控温床的地温可以随气温的变化而变化。有正补偿功能的,气温与地温成正相关;有负补偿功能的,气温与地温成负相关。

附表3-2 常用农用控温仪

型 号	生产厂家	直接最大负载功率/W
KWD	上海市农业机械研究所	2 200
WKQ-1	上海市农业机械研究所	2 200
WK-2	浙江省鄞县大嵩地热线厂	1 000
ZWKQ-1(组合式)	上海市农业机械研究所	1 200

(4) 交流接触器的选择

当电热线总功率大于控温仪允许的负载时,必须外加交流接触器,否则控温仪易被烧毁。交流接触器的线圈电压有220 V和380 V两种,220 V较常用。目前CJ10系列的交流接触器较常用,其技术参数见附表3-3。

附表3-3 CJ10系列交流接触器技术参数(220 V)

型 号	CJ10-5	CJ10-10	CJ10-20	CJ10-40	CJ10-60	CJ10-100	CJ10-150
额定电流/A	5	10	20	40	60	100	150
最大负载/kW	1.2	2.2	5.5	11	17	30	43

(5) 电热线和控温仪及交流接触器的连接方法

① 当电热线总功率不大于控温仪的最大允许负载时,可将电热线直接与控温仪连接。
② 如电热线总功率超过控温仪的最大负载,应外加交流接触器。
③ 大面积育苗使用的电热线很多,应采用三相四线制供电。接线时电热线分成三组,每组的功率尽可能一样。同一组内各线并联两个总的线端,一头一尾。然后把三组线的尾连在一起接电源零线,另三个头分别接交流接触器的三个下触点。接触器的上触点接三相

闸刀开关。

(6) 电热温床的布线方法

铺电热线的时候,可先在苗床的床底铺好隔热层,上压3~5 cm厚的细土,用木板刮平后,就可以铺设电热线。布线时,先按所需的总功率的电热线总长,计算出布线间距,在苗床两端按布线间距,隔一定距离(已算好的布线间距)插一根10~15 cm长的小竹棍,把电热线来回绕在竹棍上,使之紧贴地面并拉直。注意电热线不要弯曲、打卷或使邻近的两根线靠在一起,也不能在同一根木棍上反复缠绕,以免局部温度过高,烧坏绝缘层,造成漏电。电热线两端的导线部分从床内伸出来,以备和电源及控温仪等连接。布线完成后,覆盖培养土,把电热线与导线的接头处也埋好,布线的行数最好为偶数,以便电热线的引线能在一侧,便于连接。若所用电热线超过两根以上,各条电热线都必须并联使用而不能串联。

(7) 电热线使用的注意事项

① 严禁成卷电热线在空气中通电试验或使用。布线时不得交叉、重叠或扎结。电热线不得接长或剪短使用。

② 所有电热线的使用电压都是220 V,多根线之间只能并联,不能串联。接入380 V三相电源时可用星形接法。

③ 使用电热线时应把整根线(包括接头)全部均匀地埋入土中,且线的两头应放在苗床的同一侧。

④ 对苗床进行管理和灌水时要切断电源。

⑤ 旧线使用前最好做一次绝缘检查。将电热线浸入水中,引出线的一端,接在电工用兆欧表的一个接线柱上,表的另一接线柱插入水中,电阻应大于1 MΩ。

⑥ 收电热线时不要硬拔、硬拉,更不能用锹、铲挖掘,以免损坏绝缘层。电热线不用时,要放在阴凉处,防鼠、虫咬坏绝缘层。

[作业与思考]

1. 动手铺设和安装电热线和控温仪,并思考电热线安装过程中应注意的事项。

2. 某蔬菜育苗中心计划在温室中修建1个10 m²(8 m×1.25 m)的电热温床进行冬季育苗,基础地温为10 ℃,设定地温为20 ℃。

(1) 确定所需电热温床的型号与数量并绘出电路图。

(2) 计算并绘图说明各苗床的布线情况。

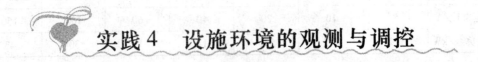

实践4 设施环境的观测与调控

1. 目的要求

掌握园艺设施环境观测与调控的一般方法,熟悉小气候观测仪器的使用方法,了解园艺设施内的小气候环境特征,并为进行环境调控奠定基础。

2. 材料与用具

通风干湿球温度表、最高温度表、最低温度表、套管地温表、照度计、光量子仪、便携式红外 CO_2 分析仪、小气候观测支架等。

3. 实践步骤与方法

(1) 设施内环境的观测

① 观测点的布置　温室或大棚内的水平测点,根据设施的面积大小而定。采用"米"字形均匀分布。

测点高度以设施高度、作物状况、设施内气象要素垂直分布状况而定。在无作物时,可设 0.2 m、0.5 m、1.5 m 三个高度;有作物时可设在作物冠层上方 0.2 m,作物层内 1~3 个测点;土壤中温度观测应包括地面和地中根系活动层若干深度,如 0.05 m、0.1 m、0.2 m、0.3 m 等几个深度。一般来说,在人力、物力允许时测定光照度、CO_2 浓度、空气温度和湿度、土壤温度可按上述测点布置,如条件不允许,可适当减少测点,但中央测点必须保留。

② 观测时间　选择典型的晴天(或阴天)进行观测,以晴天为好。最好观测各个位点光照度、CO_2 浓度、空气温度和湿度及土壤温度的日变化,间隔 2 h 观测一次。最好从温室揭草帘时间开始观测,直至盖草帘观测停止。

总辐射、光合有效辐射和光照度,则在揭帘、盖帘时段内每隔 1 h 一次。

③ 观测方法与顺序　在某一点上按光照→空气温度、湿度→CO_2 浓度→土壤温度的顺序进行观测,在同一点上取自上而下,再自下而上进行往返两次观测,取两次观测的平均值。

(2) 设施内环境的调控

① 温度、湿度的调控　自然状态下,在某一时刻,观测完设施内各位点的温度、湿度后,可以通过通风口的开启和关闭或通过设置多层覆盖等措施来实现对温度、湿度的调节。让学生观测并记录通风(或关闭风口)后不同时间如 10 min、30 min、1 h 等(不同季节时间长短不同),各观测点温度、湿度的变化。

② 光照环境的调控　观测完设施内各位点的光照强度后,可以通过擦拭棚膜等透明覆盖物、温室后墙张挂的反光膜、温室内设置的二层保温幕、温室外(内)设置的遮阳网(苇帘、竹帘)等任何一种措施实现对光照的调节。让学生用照度计测定并记录各测点光照度在采取措施前后的变化情况。

4. 注意事项

① 观测内容和测点视人力、物力而定。

② 观测及进行环境调控前必须进行充分准备,任课教师要精心设计、精心组织,并给学生明确分工。

③ 仪器使用前必须进行校准,然后再安装。每次观测前及时检查各测点仪器是否完好,发现问题及时更正;每次观测后必须及时检查数据是否合理,如发现不合理者必须查明原因并及时更正。

④ 观测前必须设计好记录数据的表格,要填写观测者、记录校对者、数据处理者的名字。

⑤ 观测数据一律用 HB 铅笔填写,如发现错误记录,应用铅笔划去再在右上角写上正确数据,严禁用橡皮涂擦。

⑥ 仪器的使用必须按气象观测要求进行,如测温度和湿度的仪器必须有防辐射罩,测光照仪器(照度计等)必须保持水平等。

[作业与思考]
1. 根据观测和记录的设施内环境的有关数据,绘制成图表并分析设施内各环境要素的时间、空间的分布与变化特点及形成的可能原因。
2. 总结设施内环境调控的措施及其效果。
3. 对设施的结构和管理提出意见和建议。

实践5　设施覆盖材料的使用与管理

1. 目的要求

掌握园艺设施覆盖材料的主要性能,学会对设施覆盖材料的使用和科学管理,了解不同的覆盖材料对设施内环境条件的影响。

2. 材料与用具

(1) 材料

烙好的大棚或温室棚膜、压膜线、草苫、纸被或保温被、遮阳网、无纺布等。

(2) 用具

细铁丝、钳子、铁锹、大缝针等。

3. 实践步骤与方法

设施覆盖材料的种类很多,功能也不尽相同。就其主要功能而言,分为三类:用于园艺设施采光的,是一些透明覆盖材料,如玻璃、塑料板材和塑料薄膜;用于外覆盖保温的,主要是一些不透明的材料,如草苫、纸被、保温被等;用于调节设施内光照、温度环境的,主要是一些半透明或不透明的材料,如遮阳网、反光膜、薄型无纺布等。在选择覆盖材料时,要充分考虑各种覆盖材料都要适应设施内园艺作物生长发育的要求。

(1) 扣膜前的准备

首先是要清棚,将温室或大棚内地面上的枯枝败叶、杂草清扫出去;其次是要检修棚架,注意结构是否牢固,有无铁丝头等尖锐物体伸出架外,最好将铁丝绑接的地方用布条或草绳缠好,以免划破棚膜。最后根据温室或大棚的大小,将棚膜粘好,并准备好压膜线。

(2) 扣膜

设施的扣膜要选择无风或微风的暖和天气进行。大棚棚膜分成下部的围裙膜和整个骨架上部的一大块天膜。扣膜时,一般先上围裙膜,把围裙膜下缘埋入土中,上缘压入压膜槽内,竹木结构大棚则可烙出一条串绳筒,穿入细绳,紧固在大棚的拱杆上。上顶膜时,从棚的迎风侧向顺风侧由下至上拉开,注意把薄膜拉紧、拉正,不出皱褶,绷紧,顶膜两侧要搭在围裙膜外面,搭叠30~40 cm,最后在两拱杆之间上压膜线,绷紧后绑在地锚上。

(3) 棚膜的日常管理

设施透明覆盖物(塑料薄膜、玻璃、塑料板材等)的主要作用是保证设施的采光,所以保证透明覆盖物的清洁是日常管理的主要内容。教师可组织学生清洗,用长把拖布擦拭透明覆盖物。

[作业与思考]
1. 怎样从采光和保温角度为设施覆盖材料的科学使用和管理提出意见和建议?
2. 在设施覆膜及覆盖外保温覆盖材料时,应注意的事项有哪些?

实践6 二氧化碳施肥技术

1. 目的要求

通过本次实践,深刻理解园艺设施内二氧化碳施肥的意义与作用,并掌握设施内常用的二氧化碳施肥方法和技术。

2. 材料与用具

二氧化碳发生器、碳酸盐(碳酸钙、碳酸氢铵、碳酸铵)、强酸(硫酸或盐酸)。

3. 实践步骤与方法

(1) 二氧化碳的来源与施用

二氧化碳的肥源及其生产成本,是决定在设施生产中能否推广和应用二氧化碳施肥技术的关键。解决肥源有以下几种途径:

① 通风换气法 在密闭的设施内,最快、最简单补充二氧化碳浓度的方法就是通风换气,在外界气温高于 10 ℃时,这是最常采用的方法。通风换气有强制通风和自然通风两种。

② 土壤中增施有机质法 土壤中增施有机质,在微生物的作用下,会不断地被分解为二氧化碳,同时,土壤中有机质增多,也会使土壤中生物增加,进而增加了土壤中生物呼吸所放出的二氧化碳。在不同的有机质种类中腐熟的稻草放出的二氧化碳量最多,稻壳和稻草堆肥次之,腐叶土、泥炭、稻壳熏炭等相对较少。

③ 人工施用二氧化碳 目前,国内外采用的二氧化碳发生源主要有燃烧含碳物质、施放纯净二氧化碳法、化学反应法。

a. 燃烧含碳物质法 这种方法又分为三种碳源:一是燃烧煤或焦炭,1 kg 煤或焦炭完全燃烧大约可产生 3 kg 二氧化碳,这种方法原料容易得到,成本低,在广大农村发展潜力较大,并可在一定条件下实现温室供暖与二氧化碳施肥的统一。二是燃烧天然气(液化石油气),这种方法产生的二氧化碳气体较纯净,而且可以通过管道输入到设施内,其反应式为 $C_3H_8 + 5O_2 \longrightarrow 3CO_2 + 4H_2O$,但成本较高。三是燃烧纯净煤油,每升完全燃烧可产生 2.5 kg(1.27 m³)的二氧化碳,其反应式为 $2C_{10}H_{22} + 31O_2 \longrightarrow 20CO_2 + 22H_2O$,这种方法易燃烧完全,产生的二氧化碳气体纯净,但成本高,难以推广应用。

b. 施放纯净二氧化碳法 这种方法又分为两种:一是施放固态二氧化碳(干冰),可将其放在容器内,任其自由扩散,而且便于定量施放,所得气体纯净,施肥效果良好。二是施放液态二氧化碳,液态二氧化碳可以从制酒行业中获得,可直接在设施内释放,容易控制用量,肥源较多。液态二氧化碳经压缩装在钢瓶内,先选用直径 1 cm 粗的塑料管通入设施内。因为二氧化碳的比重大于空气,所以必须把塑料管架离地面,并每隔 1～2 m 在塑料管上扎一小孔,然后把塑料管接到钢瓶出口,出口压力保持在 1～1.2 kg/cm^2,每天根据情况放气即可,使用成本适中,在近郊菜区便于推广。

c. 化学反应法 利用强酸(硫酸、盐酸)与碳酸盐(碳酸钙、碳酸铵、碳酸氢铵)反应释放二氧化碳,反应式为 $CaCO_3 + 2HCl \longrightarrow CaCl_2 + CO_2 + H_2O$ 或 $NH_4HCO_3 + HCl \longrightarrow NH_4Cl + CO_2 + H_2O$。近几年,山东、辽宁等地相继开发出多种成套的二氧化碳施肥装置,主要结构包括贮酸罐、反应罐、提酸手柄、过滤罐、输酸管、排气管等部分。工作时,将提酸手柄提起,并顺时针旋转 90°使其锁定,硫酸便通过输酸管微滴于反应罐内,与预先装入反应罐内的碳酸氢铵进行化学反应,生成二氧化碳气体。二氧化碳经过滤罐(内装清水)过滤,氨气溶于水,二氧化碳气体被均匀送至日光温室供农作物吸收。通过硫酸供给量控制二氧化碳生成量,二氧化碳发生迅速,产气量大,操作简便,较安全,应用效果较好。

此外,二氧化碳的固体颗粒气肥以碳酸钙为基料,有机酸做调理剂,无机酸做载体,在高温高压下挤压而成,施入土壤后可缓慢释放二氧化碳。据报道,每 667 m^2 一次施用 40～50 kg,可持续产气 40 d 左右,并且一日中释放二氧化碳的速度与光温变化同步。该类肥源的优点是使用方便,省时省力,室内二氧化碳浓度空间分布较均匀。但是颗粒气肥对贮藏条件要求严格,释放二氧化碳的速度慢,产气量少,且受温度、水分的影响,难以人为控制。

(2) 二氧化碳的施用浓度和时期

① 施用时期 从理论上讲,二氧化碳施肥应在作物一生中光合作用最旺盛的时期和一天中光温条件最好的时间进行。一般施放二氧化碳在早春及严冬季节蔬菜生育初期效果较好,果菜苗期以两片真叶展开到移植前效果较好,定植的蔬菜从缓苗后开始,连续放 30 d 以上效果明显。韭菜、芹菜、蒜苗、菠菜等叶菜类,在收获前 20 d 开始,需连续施放到收获。黄瓜等果菜类蔬菜在结果初期至采收初期施放,可促进果实肥大,施用过早容易引起茎叶徒长。施放时间,一般温室在揭苫后 30～50 min 内施放,放风前 30 min 停止。大棚在日出后 30～50 min 内施放,放风前停止,下午一般不施用。阴、雨、雪天不宜施放。

② 施用浓度 从光合作用的角度,接近饱和点的二氧化碳浓度为最适施肥浓度。但是,二氧化碳饱和点受作物、环境等多种因素制约,生产中较难把握;而且施用饱和点浓度的二氧化碳也未必经济合算。很多研究表明,二氧化碳浓度超过 900 mg/kg 后,进一步增加施肥浓度收益增加很少,而且浓度过高易造成作物伤害和增加渗漏损失,因此,800～1 500 mg/kg 可作为多数作物的推荐施肥浓度,具体依作物种类、生育阶段、光照及温度条件而定,如晴天和春秋季节光照较强时施肥浓度宜高,阴天和冬季低温弱光季节施肥浓度宜低。

4. 注意事项

① 采用化学反应法施用二氧化碳时,由于强酸有腐蚀作用,不要滴到操作者的衣服和皮肤上,也不要滴到作物上。一旦滴上应及时涂小苏打和碳酸氢铵或用水清洗。

② 施放二氧化碳要有连续性,才能达到增产效果,禁止突然停止施用,否则黄瓜等果菜类会提前老化,产量显著下降。若需停用时,要提前计划,逐渐降低二氧化碳浓度,缩短施放时间,以适应环境条件的变化。

③ 施放二氧化碳的作物生长量大,发育快,需增加追肥和灌水次数。

④ 二氧化碳发生器应用东西遮盖,以防太阳直射而老化,影响密封性和使用寿命。发

生器的密封反应罐最好用塑料薄膜绕扣缠一圈再拧紧,免得漏气。

⑤ 阴、雨、雪天不宜施放二氧化碳。

[作业与思考]

1. 增加设施内二氧化碳浓度的方法和途径有哪些?以哪种方法最具推广应用前景?

2. 针对某一特定作物(蔬菜、果树、花卉任选其一)的设施栽培,制定其二氧化碳施肥计划,包括二氧化碳的施肥方法、施肥浓度及施肥时期和时间。

3. 如何提高设施内二氧化碳的施肥效果?

实践7 节水灌溉技术

1. 目的要求

掌握园艺设施内常用的节水灌溉方法,并学会设施内节水灌溉系统的安装和设置方式。

2. 材料与用具

滴灌支管、滴灌毛管、三通、旁通、过滤器、施肥罐、细铁丝、小竹棍、地膜等。

3. 实践步骤与方法

设施内的节水灌溉主要有滴灌、渗灌、喷灌等,目前以滴灌为主,下面主要介绍滴灌系统的组成、设置及安装方法。

(1) 到学校试验基地或附近生产单位调查滴灌系统的组成

温室、大棚中的滴灌系统是由水泵、仪表、控制阀、施肥罐、过滤器等组成的首部枢纽及担负着输配水任务的各支、毛管组成的管网系统和直接向作物根部供水的各种形式的灌水器三部分组成的。可组织学生调查滴灌系统各组成部分在棚室内的设置方式及性能。

① 首部枢纽 首部枢纽的作用是从水源抽水加压,经过滤后按时按量输送至管网。其主要包括以下几个部分:

a. 过滤设备 滴灌要求灌溉水中不含有造成灌水器堵塞的污物和杂质,而实际上任何水源,都不同程度地含有各种杂质,因此,对灌溉水进行严格的净化处理是滴灌中的首要步骤,是保证滴灌系统正常进行、延长灌水器使用寿命和保证灌水质量的关键措施。过滤设备主要包括拦污栅(筛网)、沉淀池、离心式过滤器、砂石过滤器、滤网式过滤器等。可根据水源的类型、水中的污物种类及杂质含量来选配合适的过滤设备。

b. 施肥装置 施肥装置主要是向滴灌系统注入可溶性肥料或农药溶液的设备。将其用软管与主管道相通,随灌溉水即可随时施肥。还可以根据作物需要,同时增施一些可溶性的杀菌剂、杀虫剂。常用的是压差式施肥罐,规格有10、30、60和90 L等。

c. 闸阀 在滴灌系统中一般都采用现有的标准阀门产品,按压力分类这些阀门有高、中、低三类。滴灌系统中主过滤器以下至田间管网中一般用低压阀门,并要求阀门不生锈腐蚀,因此,最好用不锈钢、黄铜或塑料阀门。

d. 压力表与水表 滴灌系统中经常使用弹簧管压力表测量管路中的水压力。而水表是用来计量输水流量大小和计算灌溉用水量的多少。水表一般安装在首部枢纽中。

e. 水泵　离心泵是滴灌系统应用最普遍的泵型,尽量使用电动机驱动,并需考虑供电保证程度。可根据灌溉面积来选择适宜功率的水泵,一般667 m^{2}选用370 W的水泵即可满足需要。

② 管网系统　管网是输水部分,包括干管、支管、毛管等。常用干管材料有PVC管、PP管和PE管,主要规格有直径为160、110和90 mm三种,使用压力为0.4~1.0 MPa,可根据流量大小选择合适的规格。支管一般选用直径为32、40、50、63 mm的高压聚乙烯黑管或白管,以黑管居多,使用压力为0.4 MPa。毛管与灌水器直接相连,一般放在地平面,多采用高压聚乙烯黑管,要求耐压0.25~0.4 MPa,多用直径为25、20和16 mm的管。支管与毛管连接时配有各种规格的旁通、三通等,只需在支管上打好相应的孔,就能连接。但是,打孔必须注意质量,否则会密封不严而漏水。

③ 灌水器　灌水器包括滴头、滴灌管和滴灌带等。有补偿式滴头、孔口滴头、内藏式滴灌管、脉冲滴灌管以及迷宫式滴灌带等。可根据种植作物的种类、灌溉水的质量、工作压力以及经济条件来选择合适的灌水器。

(2) 节水灌溉系统的安装

节水灌溉系统的安装分安装前规划设计、施工安装前准备、施工安装和试运行验收等环节。

① 安装前规划设计　根据使用要求、水源条件、地形地貌和作物的种植情况(农艺要求),合理布置引、蓄、提水源工程,首部枢纽设置和输配水管网及管件配置,提出工程概算。

a. 水源工程的设置　一般来说,设施连片栽培或集中的基地水源工程应该配套,做到统一规划、合理配置,尽量减少输水干管、水渠的一次性投资,单个棚室用井、水池作为水源时,尽可能将井打在设施中间,水池尽量靠进设施。

b. 系统首部枢纽和输水管网配置　首部枢纽通常与水源工程一起布局设计,对于设施连片的基地,输水干管应尽量布置在设施中间,并埋入地下30 cm左右,每一或两个大棚(温室)处留一出水口接头,当田面整理不平时,干管应设置在田块相对较高的一端。

② 施工安装　滴灌系统一般控制面积不大,结构简单,施工安装比较方便。但滴灌系统是主要由塑料管道组成的压力输水系统,若不注意会发生漏水现象,处理起来比较麻烦。因此,精度要求较高是滴灌系统施工安装的一个特点,必须予以足够的重视。

a. 首部安装　必须认真了解设备性能,设备之间的连接必须安装严紧,不得漏水,施肥器安装时应注意从其标示的箭头方向进水,需要用电机做动力时,应注意安全。

b. 滴灌管网的安装　安装顺序是先主(干)管再支、毛管,以便全面控制,分区试水。支管与干管组装完成后再按垂直于支管方向铺设毛管。在作物定植之前或定植后均可铺设,以定植之前安装、铺设质量最高。

支管一般选用直径为25 mm的PE管,安装时按实际大棚、温室的长度,用钢锯截取相应长度。支管一般安装在设施内垂直于畦长的方向,对于温室,一般在南底角处,对于大棚,可安装在大棚中间或一端。若大棚、温室长度在50 m以下,可直接由大棚或温室内较高的一端向另一端输水;棚室长度在50~60 m以上时,最好从大棚或温室中间的支管进水,向两头输水,以减少系统水头损失,并提高灌水均匀度。支管用三通连接起来,三通的一通与滴灌软管连接,注意在支管上留好进水口并接上进水管。

根据温室、大棚中作物的种植方式:一畦一行、一畦二行或者垄作等,铺设毛管(滴灌软管)。首先要精细整地,使畦面平整,无大土块,将软管与畦长比齐后剪断,可以在两行作物之间安装一根软管,同时向两行作物供水;也可以每行作物铺设一根软管;还可以把软管按照大于双倍畦长截断,将软管的一头接在支管上,顺在畦的一侧,不要在外侧(离畦外缘 15 cm 左右),然后在畦的另一端插两根小竹棍,小竹棍的间距略小于作物的行距,使滴灌软管绕过小竹棍折回,至支管端,用细铁丝将其末端卡死。需要注意软管在铺放时一定不能互相扭转,以免堵水。另外,如果结合地膜覆盖,在铺放软管时滴孔要朝上。

待整个系统安装完毕后,通水进行耐压试验和试运行,并检查管网是否漏水,确认无漏水,回填地下输水干管沟槽;检查首部枢纽运行是否正常。观察软管喷水的高度即检查软管出水是否均匀平衡,支管与软管之间是否畅通,确认没有问题后,再在畦上覆盖地膜。

(3)滴灌系统的管理与维护

为了确保滴灌系统的正常运行,延长滴灌设施的使用年限,关键是要正确地使用、维护和良好地管理。

① 初次运行和换茬安装后,应对蓄水池、水泵、管路等进行全面检修、试压,以确保滴灌设施的正常运行。对蓄水池等水源工程要经常进行维修养护,保持设施完好。对蓄水池沉积的泥沙等污物应定期洗刷排除。开敞式蓄水池的静水中藻类易于繁殖,在灌溉季节应定期向池中投施绿矾,使水中的绿矾浓度在 0.1~1.0 mg/kg 左右,以防止藻类滋生。水源中不得有超过 0.8 mm 的悬浮物,否则要安装过滤装置。

② 对水泵要按水泵运行规则进行维修和保养,在冬季使用时,注意防止冻坏水泵。

③ 滴灌运行期间,要定期对软管进行全面彻底的冲洗,洗净管内残留物和泥沙。冲洗时,打开软管尾端的扎头或堵头。冲洗好后,再将尾端扎好,进入正常运行。

④ 每次施肥、施药后,一定要灌一段时间清水,以清洗管道。

⑤ 每茬作物灌溉期结束,用清水冲洗后,将滴灌软管取下。然后应将软管常按棚、畦编号分别卷成盘状,放在阴凉、避光、干燥的库房内,并防止虫(鼠)咬、损坏,以备下次使用。

⑥ 对滴灌设施的附件,如三通、直通、硬管等,在每茬灌溉期结束时,三通与硬管连接一般不要拆开,一并存放在库房内。直通与软管一般不要拆开,可直接卷入软管盘卷内。

⑦ 软管卷盘时,原则上要按原来的折叠印卷盘,对有皱褶的地方应将其整平后再卷盘。

⑧ 由于软管壁较薄,一般只有 0.2 mm 左右,因此,平时田间劳作和换茬收藏时,要小心操作,谨防划伤、戳破软管,并且卷盘时不要硬拖、拉软管。

[作业与思考]

1. 在设施内安装滴灌系统的过程中,要注意哪些问题?
2. 滴灌系统是由哪几部分构成的?各部分的主要性能是什么?
3. 设计出面积为 667 m^2 的日光温室内配置滴灌系统的平面图。温室的尺寸为 7.5 m × 89.25 m,室内种植番茄。注明水源、支管的位置、毛管的数量和间距等。

实践8 无土栽培营养液的配制

1. 目的要求

掌握无土栽培营养液的配制原理、方法和配制技术,学习用电导率仪测定营养液的 EC 值、用 pH 计测定营养液的 pH,并掌握调整营养液的浓度和 pH 的方法。

2. 材料与用具

(1) 材料

KNO_3、NH_4NO_3、HNO_3、$NH_4H_2PO_4$、$(NH_4)_2HPO_4$、$(NH_4)_2SO_4$、KH_2PO_4、K_2HPO_4、H_3PO_4、K_2SO_4、KCl、$Ca(NO_3)_2 \cdot 4H_2O$、$CaCl_2 \cdot 6H_2O$、$MgSO_4 \cdot 7H_2O$、$NaFe$-$EDTA$、H_3BO_3、$MnSO_4 \cdot 4H_2O$、$MnCl_2 \cdot 4H_2O$、$ZnSO_4 \cdot 7H_2O$、$CuSO_4 \cdot 5H_2O$、$(NH_4)_6Mo_7O_{24}$。

(2) 用具

千分之一天平、电导率仪、pH 计、溶液罐 3 个。

3. 实践步骤与方法

营养液是无土栽培的核心,只有掌握了营养液配制的原理、配制技术和变化规律,才能使无土栽培获得成功。营养液是将含有园艺作物生长发育所需要的各种营养元素的化合物,溶解于水中配制而成。必须对其组成、各营养元素的特点、配制技术和无土栽培过程中如何管理等问题有所了解。

(1) 营养液组成的原则

① 营养液必须含有植物生长所必需的全部营养元素:现已确定高等植物必需的营养元素有 16 种,其中碳主要由空气供给,氢、氧由水与空气供给,其余 13 种由根部从土壤溶液中吸收,所以营养液均是由含有这 13 种营养元素的各种化合物组成。其中大量元素有 N、P、K、Ca、Mg;微量元素有 Fe、Cu、Mn、Zn、B、Cl、S、Mo。

② 含各种营养元素的化合物必须是根部可以吸收的状态,也就是可以溶于水的呈离子状态的化合物。通常都是无机盐类,也有一些是有机螯合物。

③ 营养液中各营养元素的数量比例应符合植物生长发育的要求,而且是均衡的。

④ 营养液中各营养元素的无机盐类构成的总盐分浓度及其酸碱反应,应是适合植物生长要求的。

⑤ 组成营养液的各种化合物,在栽培植物的过程中,应在较长时间内保持其有效状态。

⑥ 组成营养液的各种化合物的总体,在被根吸收的过程中造成的生理酸碱反应,应是比较平衡的。

(2) 营养液的配制

① 营养液的配制原则　一般是容易与其他化合物起作用而产生沉淀的盐类,在浓溶液时不能混合在一起,但经过稀释后就不会产生沉淀,可以混合在一起。

在配制营养液的许多盐类中,以硝酸钙最易和其他化合物起化合作用,如硝酸钙和硫酸盐混在一起易产生硫酸钙沉淀,硝酸钙的浓溶液与磷酸盐混在一起易产生磷酸钙沉淀。在大面积生产中,为了配制方便,以及在营养液膜法中自动调整营养液,一般都是先配制浓液(母液),然后再进行稀释。所以要事先准备3个溶液罐,一个盛硝酸钙溶液;另一个盛其他盐类的溶液;此外,为了调整营养液的氢离子浓度(pH)的范围,还要有一个专门盛酸的溶液罐。

② 营养液配方的计算　计算顺序如下:

a. 先计算配方中1 L营养液中需Ca的数量(毫克数),求出$Ca(NO_3)_2$的用量。因为钙的需要量大,并且在多数情况下以硝酸钙为唯一钙源,所以先从钙的需要量开始计算,钙的量满足后,再计算其他元素的量。

b. 依次计算氮、磷、钾的需要量。计算出$Ca(NO_3)_2$中能同时提供的N的浓度数;计算所需NH_4NO_3的用量;计算KNO_3的用量;计算所需KH_2PO_4、K_2HPO_4和K_2SO_4的用量。

c. 然后计算镁,因为镁与其他元素互不影响。计算所需$MgSO_4$的用量。

d. 最后计算微量元素的用量,因为微量元素需要量少,在营养液中的浓度又非常低,所以每个元素均可单独计算,而无需考虑对其他元素的影响。

无土栽培营养液的配方有三种常用的计算方法。一是百万分率(10^6)单位配方计算法;二是毫摩尔(mmol/L)计算法;三是根据1 mg/L元素所需肥料用量,乘以该元素所需的量(mg/L)数,即可求出营养液中该元素所需的肥料用量。

③ 营养液配制　目前世界上已发表了很多营养液配方,其中以美国植物营养学家霍格兰(Hoagland)研究的营养液配方最为有名,被世界各地广泛使用,世界各地的许多配方都是参照该配方调整演变而来的。另外,日本兴津园艺试验场研制了"园试配方"的均衡营养液,也被广泛使用。可组织学生分组配制。在配制过程中,需注意以下几点:

a. 按照营养液配方,注意所使用的化肥及药剂的纯度、盐类的分子式、结晶水含量等。

b. 药品称量要准确,须精确到±0.1 g以内。

c. 将称好的各种盐类混合均匀,放入比例适中的水中。配制时先溶解微量盐分,后溶解大量盐分。

d. 用pH计测试配好的营养液的pH,用电导率仪测试EC值,看是否与预配的值相符。

(3) 营养液的管理

营养液在使用过程中,由于作物的吸收及水分的蒸腾和蒸发,浓度会发生变化,因此必须随时对营养液的浓度进行调整和补充。不同作物的营养液管理指标不同,而且同一作物的不同生育期的营养液浓度管理也不相同,不同季节的营养液浓度管理也略有不同。常用的营养液浓度的调整方法之一是电导率仪法。在开放式无土栽培系统中,营养液的电导率一般控制在2~3 mS/cm。在封闭式无土栽培系统中,绝大多数作物其营养液的电导率不应低于2 mS/cm,当电导率低于2 mS/cm时,营养液中就应补充足够的营养成分,使其电导率上升到3 mS/cm左右。这些补入的营养成分可以是固体肥料,也可以是预先配制好的浓溶液(即母液)。

通常在营养液循环系统中每天都要测定和调整pH,在非循环系统中,每次配制营养液时应调整pH。常用来调整pH的酸为磷酸或硝酸,为了降低成本也可使用硫酸;常用的碱为氢氧化钾。在硬水地区如果用磷酸来调整pH,则不应该加得太多,因为营养液中磷酸超过50 mg/kg会使钙开始沉淀,因此常将硝酸和磷酸混合使用。通常,只要向营养液加酸时小心谨慎,就不会发生营养液 pH 低于 5.5 的现象。

[作业与思考]

1. 配制无土栽培营养液时应注意的问题有哪些?
2. 在使用 pH 计和电导率仪测试营养液的 pH 和 EC 值时,要注意哪些问题?
3. 用箭头画出配制营养液的流程图。

实践 9　设施消毒技术

1. 目的要求

通过本次实践,理解设施内空气及土壤消毒的意义及消毒时期,掌握园艺设施内常采用的消毒方法及其技术,并能够熟练地应用。

2. 材料与用具

(1) 材料

石灰氮、甲醛、硫磺粉、氯化苦等。

(2) 用具

铁锹、地膜、水管、喷壶(喷雾器)、旧薄膜、碎稻草、锯木屑等。

3. 实践步骤与方法

设施内的消毒方法有物理消毒法和化学消毒法两类。物理消毒法主要有两种,即太阳能消毒和蒸汽消毒法。由于蒸汽消毒需要消耗大量的能源和一定的设备,难于操作和大面积推广应用。这里主要介绍太阳能消毒法。

(1) 太阳能消毒法

在高温的夏季,温室和大棚休闲时,将大棚、温室密闭起来,在土壤表面洒上碎稻草和石灰氮。每 667 m^2 需要碎稻草 0.7~1.0 t,石灰氮 70 kg(如无石灰氮用石灰代替)。使两者与土壤充分混合,做成平畦,四周做好畦埂,向畦内灌足量的水(以畦内灌满水为原则),然后盖上旧薄膜。这样处理后白天土表温度可达 70 ℃,25 cm 深的土层全天都在 50 ℃左右。经半个月到一个月,就可起到土壤消毒的作用,同时可有效地除掉土壤中多余的盐分。

(2) 化学药剂消毒法

设施内消毒常用的药剂主要有硫磺粉、福尔马林(即 40% 的甲醛溶液)、氯化苦等。

① 硫磺粉消毒　硫磺粉主要用于设施内空气及土壤消毒,可以消灭白粉病菌、红蜘蛛等病虫害,一般在播种或定植前 2~3 d 进行熏蒸,一般每 667 m^2 需要硫磺粉 0.5 kg,与锯木屑混合均匀,分成小堆,从里往外依次点燃,注意熏蒸时温室、大棚要密闭,熏蒸一昼夜即可达到效果。熏蒸结束后,要大通风,待硫磺的气味散尽,即可播种或定植。

② 福尔马林(40% 甲醛溶液)消毒　福尔马林用于设施内或温床的床土消毒,可消灭土壤中的病原菌,同时也会杀死土壤中的有益微生物,使用浓度为 50~100 倍的水溶液。使用时先将温室或温床内的土壤翻松,然后将配好的药液均匀喷洒在地面上,每 667 m^2 大约需要配好的药液 100 kg。喷完后再翻土一次,使耕作层土壤都能沾着药液,然后用塑料薄膜覆

盖床面,保持 2 d,使甲醛充分发挥杀菌作用,然后撤去薄膜,再翻土 1~2 次,打开门窗,使甲醛散发出去,两周后才能使用。

③ 氯化苦消毒　氯化苦主要用于防治设施土壤中的线虫和病原菌,使用氯化苦消毒时,应在作物定植或播种前 10~15 d 进行。具体做法是:将设施内的土壤堆成高 30 cm 的长条,宽由覆盖薄膜的幅宽而定,每 30 cm 注入药剂 3~5 mL,注入深度为 10 cm 左右,然后立即盖上薄膜,高温季节经过 5~7 d,寒冷季节经过 10~15 d 之后去掉薄膜,翻耕 2~3 次,经过彻底通风,待没有刺激性气味后再使用。该药剂使用后也能同时杀死硝化细菌,抑制氨的硝化作用,但在较短时间内即能恢复。而且该药剂对人体有毒,使用时要开窗,使用后密闭门窗保持室内高温,能提高药效,缩短消毒时间。

以上三种药剂在使用时都需提高室内温度,使土壤温度达到 15 ℃~20 ℃以上时,消毒效果好。土温在 10 ℃以下,药剂不易汽化,效果较差。使用药剂消毒时,还可以使用土壤消毒机,可使液体药剂直接注入土壤到达一定深度,并使其汽化和扩散。但由于使用成本较高,土壤消毒机使用还不普及。

另外,在蔬菜育苗上也常采用药土或药液进行土壤消毒,如为了防治瓜类苗期猝倒病,可按每平方米床面施用 50% 拌种双粉剂 7 g,或 40% 五氯硝基苯粉剂 9 g,或 25% 甲霜灵可湿性粉剂 9 g 加 70% 代森锰锌可湿性粉剂 1 g,掺细土 4~5 kg 拌匀,做成药土。在播种时采用"上覆下垫"的方法,把种子夹在药土中间,以起到消毒作用。

[作业与思考]
1. 设施内土壤消毒要注意哪些问题?
2. 比较设施内常用的几种消毒方法,并思考如何提高设施内土壤消毒的效果。

参 考 文 献

1. 陈国元. 园艺设施. 北京：高等教育出版社, 1999.
2. 张彦萍. 设施园艺. 北京：中国农业出版社, 2002.
3. 张承林, 郭彦彪. 灌溉施肥技术. 北京：化学工业出版社, 2006.
4. 邹志荣. 园艺设施学. 北京：中国农业出版社, 2002.
5. 周长吉. 温室灌溉. 北京：化学工业出版社, 2005.
6. 李式军. 设施园艺学. 北京：中国农业出版社, 2002.
7. R. C. 斯泰尔, D. S. 科兰斯基. 穴盘苗生产原理与技术. 刘滨等, 译. 北京：化学工业出版社, 2007.
8. 梅家训. 工厂化蔬菜生产. 北京：中国农业出版社, 2002.
9. 张福墁. 设施园艺学. 北京：中国农业大学出版社, 2001.
10. 夏春森. 蔬菜遮阳网, 防虫网, 防雨棚覆盖栽培. 北京：中国农业出版社, 2000.
11. 韩世栋. 蔬菜栽培. 北京：中国农业出版社, 2000.
12. 张真和. 高效节能日光温室园艺. 北京：中国农业出版社, 1995.
13. 胡繁荣. 设施园艺学. 上海：上海交通大学出版社, 2003.
14. 郭彦彪. 设施灌溉技术. 北京：化学工业出版社, 2007
15. 李志强. 设施园艺. 北京：高等教育出版社, 2006.
16. 吴普特等. 现代高效节水灌溉设施. 北京：化学工业出版社, 2002.